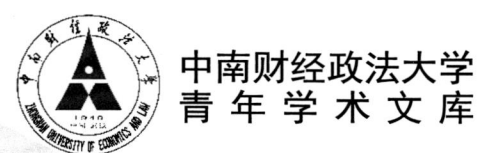

云计算和大数据系列丛书

获中南财经政法大学出版基金资助

基于自适应动态规划的多智能体系统一致性方法

王巍 著

武汉大学出版社

图书在版编目(CIP)数据

基于自适应动态规划的多智能体系统一致性方法/王巍著. --武汉：武汉大学出版社，2025.5. --云计算和大数据系列丛书. -- ISBN 978-7-307-24983-7

Ⅰ. TB18

中国国家版本馆 CIP 数据核字第 2025VG6260 号

责任编辑：任仕元　　　责任校对：鄢春梅　　　版式设计：马　佳

出版发行：**武汉大学出版社**　　（430072　武昌　珞珈山）

（电子邮箱：cbs22@whu.edu.cn　网址：www.wdp.com.cn）

印刷：武汉邮科印务有限公司

开本：787×1092　1/16　印张：7.75　字数：148 千字　插页：2

版次：2025 年 5 月第 1 版　　2025 年 5 月第 1 次印刷

ISBN 978-7-307-24983-7　　定价：49.00 元

版权所有，不得翻印；凡购买我社的图书，如有质量问题，请与当地图书销售部门联系调换。

《中南财经政法大学青年学术文库》编辑委员会

主任

杨灿明

副主任

吴汉东　邹进文

委员（按姓氏笔画排序）

丁士军	王雨辰	石智雷	刘　洪	李小平
余明桂	张克中	张　虎	张忠民	张金林
张　琦	张敬东	张敦力	陈池波	陈柏峰
金大卫	胡开忠	胡立君	胡弘弘	胡向阳
胡德才	费显政	钱学锋	徐涤宇	高利红
龚　强	常明明	鲁元平	雷　鸣	

主编

邹进文

前　言

多智能体系统一致性控制通过智能体间的交互使所有智能体的状态或输出达到一致，是多智能体系统中最重要的问题之一. 根据系统中领航者的数量，多智能体系统一致性控制可以分为无领航者的一致性控制、一个领航者的领导-跟随一致性控制以及多个领航者的包含控制. 传统的一致性控制方法仅要求系统的稳定性，没有考虑系统的最优性，并且需要知道系统的模型信息. 在实际环境中，系统的模型大多是未知的或者是难以建立精确机理的，这限制了传统一致性控制方法的应用. 自适应动态规划方法(adaptive dynamic programming, ADP)是一种具有自学习能力和优化能力的智能控制方法，能够有效解决系统模型未知情况下的优化控制问题，在求解模型无关的多智能体系统最优一致性控制问题中具有极大的潜力. 本书结合 ADP 方法对模型未知情况下多智能体系统最优包含控制、领导-跟随最优一致性控制以及异构多智能体系统最优输出一致性控制展开研究. 此外，还研究了影响 ADP 方法性能的关键因素——评价网络的设计方法，以促进 ADP 方法在模型未知情况下多智能体系统一致性控制中的应用.

本书的主要研究工作和取得的成果如下：

1. 模型无关线性多智能体系统最优包含控制方法

传统的多智能体系统包含控制方法需要已知多智能体系统的模型信息，并且未考虑系统的最优性. 本书提出了一种基于执行依赖启发式动态规划的分布式自学习控制方法，以实现无模型的多智能体系统最优包含控制. 通过设计局部邻域包含误差将包含控制问题转化为关于局部邻域包含误差的调节问题. 针对该调节问题，定义了包括局部邻域包含误差、跟随者控制输入以及邻居跟随者控制输入的局部 Q 函数. 提出了基于局部 Q 函数的值迭代方法以解决该调解问题，并对值迭代方法的收敛性进行了分析. 采用基于多项式回归的评价-执行网络框架来逼近最优局部 Q 函数和最优控制策略，以便于该方法的实现. 理论分析表明，逼近得到的最优控制策略实现了包含控制，并满足全局纳什均衡. 相比于已有的包含控制方法，所提方法不仅能使系统保持稳定，还能保证系统的最优性.

2. 非线性多智能体系统领导-跟随最优一致性控制方法

一般地,非线性多智能体系统最优一致性控制方法依赖求解非线性耦合的 Hamilton-Jacobi-Bellman(HJB)方程. 传统的采用 ADP 方法进行耦合的 HJB 方程在逼近求解时,需要系统的模型信息. 针对这一问题,本书结合定义的局部 Q 函数,提出基于局部 Q 函数的策略迭代 ADP 方法逼近求解耦合 HJB 方程,实现模型未知离散时间非线性多智能体系统的最优一致性控制,从理论上证明了策略迭代 ADP 方法的收敛性. 同时,构建了用于实现最优一致性控制的基于神经网络的评价-执行网络框架,以逼近最优局部 Q 函数和最优控制策略. 所提方法不需要已知系统的模型信息,也不需要采用系统建模方法,提高了一致性控制方法的工程适用性.

3. 部分可观环境下线性异构多智能体系统无模型最优输出一致性控制方法

传统的输出一致性控制器的设计依赖完全可观测的状态量和精确的系统模型. 为克服这些问题,本书提出仅利用可测量的输入/输出数据的基于 Q 函数的 ADP 方法,该方法无须知道系统模型信息. 首先,采用无模型的自适应分布式观测器,将最优输出一致性控制问题转换为分布式最优跟踪控制问题. 为解决最优跟踪控制问题,构建了包含跟随者系统和领航者系统的增广系统. 然后,针对系统内部状态不可观的问题,利用可测量的历史输入/输出数据构建状态表示向量对系统内部状态进行表示,并从理论上对所提的状态表示方法的合理性进行了证明. 为实现模型未知情况下最优跟踪控制问题的求解,结合状态表示向量定义了 Q 函数,提出了基于 Q 函数的值迭代 ADP 算法以逼近最优跟踪控制策略和最优 Q 函数,同时对算法的收敛性进行了分析. 所提方法仅使用可测量的历史输入/输出数据,实现了部分可观环境下模型未知线性异构多智能体系统最优输出一致性控制.

4. 基于高斯过程回归的双阶段值迭代评价网络设计方法

ADP 是实现模型未知情况下最优控制的有效方法,其中评价网络设计在 ADP 方法中起着重要作用. 由于高斯过程回归具有泛化能力强、易于配置等特点,在评价网络的构建中得到了广泛的应用. 然而,高斯过程回归方法的超参数需要根据经验预先设计,可能误导基于高斯过程回归的方法从错误的超参数假设空间开始学习,进而影响值函数的逼近. 本书针对这一问题,提出了基于高斯过程回归的自适应评价网络设计算法,该算法从两个阶段,即值函数逼近和超参数优化,同时进行评价网络的更新. 采用随机逼近理论对所提算法的收敛性进行了证明,并得到了保证学习过程收敛的充分条件,指出算法的收敛性主要取决于两阶段学习率的设计. 最后通过仿真实验讨论了两阶段更新的必要性,验证了算法的可行性. 同时,将所提算法应用于多智能体系统最优一致性控制中,验证了算法的有效性. 所提方法消除了根据先验知识选择超参数对评价网络设计的影响,能使学习到的值函数更加准确,促进了 ADP 方法在模型未知情况中的应用.

目 录

第1章 绪论 ·· 1
  1.1 研究背景及意义 ··· 1
  1.2 国内外研究现状 ··· 3
    1.2.1 自适应动态规划理论 ··· 3
    1.2.2 基于 ADP 的多智能体系统一致性控制 ···································· 6
    1.2.3 自适应评价网络设计方法 ··· 10
  1.3 现有研究存在的问题 ·· 12
  1.4 研究内容与结构安排 ·· 13

第2章 模型无关线性多智能体系统包含控制方法 ····························· 15
  2.1 引言 ·· 15
  2.2 包含误差动态系统 ··· 15
    2.2.1 代数图论 ·· 16
    2.2.2 包含误差动态系统问题描述 ·· 17
  2.3 多智能体系统最优包含控制 ·· 19
    2.3.1 包含控制性能指标 ·· 19
    2.3.2 纳什均衡和稳定性分析 ·· 21
  2.4 基于值迭代的数据驱动 ADHDP 算法 ······································· 22
    2.4.1 基于局部 Q 函数的值迭代算法 ·· 22
    2.4.2 局部 Q 函数值迭代算法的收敛性分析 ·································· 23
  2.5 模型无关最优包含控制 ·· 27
    2.5.1 评价-执行网络设计 ··· 27
    2.5.2 评价-执行网络的在线调整 ·· 28
  2.6 仿真实验 ··· 29
  2.7 本章小结 ··· 33

第3章 基于评价-执行网络的非线性多智能体系统最优一致性控制方法 ⋯⋯ 35
3.1 引言 ⋯⋯ 35
3.2 预备知识 ⋯⋯ 35
3.3 问题描述 ⋯⋯ 36
3.4 基于策略迭代的局部 Q 函数 ADP 方法 ⋯⋯ 39
3.4.1 基于 Q 函数的策略迭代算法 ⋯⋯ 39
3.4.2 策略迭代算法的收敛性分析 ⋯⋯ 40
3.4.3 纳什均衡和稳定性分析 ⋯⋯ 44
3.5 基于神经网络的评价-执行网络设计 ⋯⋯ 46
3.5.1 基于神经网络的评价网络设计 ⋯⋯ 46
3.5.2 基于神经网络的执行网络设计 ⋯⋯ 47
3.5.3 评价-执行网络的在线调整 ⋯⋯ 48
3.6 仿真实验 ⋯⋯ 48
3.6.1 仿真实验一 ⋯⋯ 49
3.6.2 仿真实验二 ⋯⋯ 52
3.7 本章小结 ⋯⋯ 55

第4章 部分可观环境下异构多智能体系统输出一致性控制方法 ⋯⋯ 57
4.1 引言 ⋯⋯ 57
4.2 问题描述 ⋯⋯ 57
4.3 利用可测数据的多智能体系统输出一致性控制 ⋯⋯ 60
4.3.1 可测输入/输出数据的状态表示方法 ⋯⋯ 60
4.3.2 基于自适应动态规划的输出一致性控制方法 ⋯⋯ 63
4.4 迭代自适应动态规划算法的实现 ⋯⋯ 66
4.5 仿真实验 ⋯⋯ 69
4.6 本章小结 ⋯⋯ 73

第5章 基于高斯过程回归的双阶段值迭代评价网络设计方法 ⋯⋯ 74
5.1 引言 ⋯⋯ 74
5.2 基于高斯过程回归的评价网络设计 ⋯⋯ 75
5.3 问题描述 ⋯⋯ 76
5.4 双阶段值迭代算法 ⋯⋯ 79
5.5 仿真实验 ⋯⋯ 86

5.5.1　单智能体系统仿真实验 ·· 87
　　5.5.2　多智能体系统仿真实验 ·· 94
　5.6　本章小结 ··· 98

第6章　总结与展望 ·· 100
　6.1　总结 ·· 100
　6.2　展望 ·· 102

参考文献 ·· 104

第 1 章 绪 论

本章首先叙述了多智能体系统(multi-agent systems, MASs)一致性控制的研究背景、意义以及相关的研究现状，并分析和总结了目前有关多智能体系统一致性控制所取得的成果和存在的不足. 此外，还介绍了自适应动态规划方法的发展现状，阐述了自适应动态规划方法在多智能体系统一致性控制中应用. 在此基础上，提出本书的主要研究内容和拟解决的关键问题.

1.1 研究背景及意义

在自然界中，鸟群列队迁徙、鱼群聚集游动、昆虫和微生物的集体觅食以及蚁群筑巢等现象中普遍存在生物群体之间的协作行为. 这种集体之间相互协作的行为展现出独立个体所不拥有的群智能现象，可以确保相对独立的个体在捕食、交配、躲避天敌等行为中获得单个个体独立行动所无法获得的回报，以最大化地提高群体的收益. 在生物种群间这种相互的自组织活动中，相关的独立决策者通过相互之间的信息交流和合作，实现生物群体的行动目标[1-3]. 受生物群体间这种相互协作现象的启发，研究者们提出了多智能体系统的概念[4].

多智能体系统是由同一环境下高度自治而又存在复杂交互的多个智能体组成的一种分布式系统[5,6]. 在理论研究和实际应用中，由多个智能体组成的多智能体系统可以突破单个智能体系统的局限. 相对于单智能体系统，多智能体系统具有以下特性[7,8]：

(1) 多智能体系统中智能体之间的协作可以提升其执行各项行为活动的效率.

(2) 多智能体系统具有较强的鲁棒性. 系统中不存在中央控制器，智能体的执行动作由分布式控制来实现. 即使单个智能体出现故障或者其他问题，也不会对整个系统的运行造成影响.

(3) 多智能体系统易于扩展和升级. 智能体可以在无法满足直接通信联系的情况下，利用间接的通信方式实现智能体的协作，提高了系统的可扩展性.

(4) 多智能体系统具有大规模的分布式特性，能完成单一系统无法完成的分布式任务.

第 1 章　绪　　论

上述特性使得多智能体系统能够得到非常普遍的运用，比如，多无人机作战系统、电网故障诊断、城市交通控制以及分布式地理信息管理等[9]. 研究多智能体系统最根本的原因是通过数量较多的智能体的协作以取代造价高的单一系统(无人机、水下无人潜艇等)在复杂环境中高效且可靠地完成控制任务[10]. 为了实现大规模智能体间的控制目标，需结合控制任务的特点为智能体单独设计控制器，使智能体之间根据一定的规则相互作用、相互配合，以实现智能体的某个状态量一致，例如无人机的速度达到一致等. 这类通过局部控制、个体信息交流整体实现共同目标的问题称为"一致性(consensus)"问题.

一致性问题作为多智能体系统分布式协同控制的基础，具有重要的理论和实践研究价值，已广泛地应用于分布式传感器网络[11-14]、分布式计算[15,16]、多智能体自治系统[17-19]、多机器人编队控制[20-22]、姿态调整[23,24]、智能电网[25,26]、同步控制[27,28]、蜂拥[29-31]、协调决策[32-35]等. 一致性控制研究最基本的问题是怎样设计一致性算法或一致性协议，使多智能体系统中所有智能体的状态都可以达到相同，即实现智能体的一致性[36]. 作为智能体间合作协调的基础，多智能体系统一致性控制越来越受到研究者的关注，已经成为当前系统与控制领域的一个前沿研究课题.

然而，在一致性控制的应用领域，如电力系统、交通系统、制造系统、化工过程系统、通信网络系统等，通常处于复杂且未知的环境中，具有动态特性未知、模型不确定性等特点，很难建立精确的数学模型. 伴随着科学技术的进步，人们对控制系统的性能要求越来越严格. 但是，传统的一致性协议或算法的设计都依赖系统的模型信息，限制了一致性控制理论的发展. 同时，由于传感器等现代技术的发展，这些未知复杂的系统在运行过程中会产生海量的数据，这些数据包含充足的系统运行以及系统的模型信息. 因而，研究基于数据的一致性控制方法以解决在系统精确的数学模型未知情况下的多智能体系统一致性控制问题，成为控制理论界的研究热点.

自适应动态规划[37](adaptive dynamic programming/approximate dynamic programming, ADP)融合了动态规划(dynamic programming, DP)、强化学习(reinforcement learning, RL)[38]以及最优控制的思想，其本质是利用在线或离线数据，结合函数近似结构(评价网络)，例如神经网络，来近似经典动态规划方程中的性能指标函数或其偏导数，从而获得最优或近似最优性能指标函数和最优或近似最优控制策略(执行网络)以满足最优性原理. ADP 在不需要知道系统精确数学模型的情况下，利用生物启发学习机制在线和实时地求解优化控制问题，具有与人脑智能非常接近的学习和优化能力，为复杂系统的优化控制问题提供了行之有效的理论方法. 因此，将基于数据的 ADP 理论拓展到多智能体系统中，实现模型无关多智能体一致性控制，具有显著的理论研究和实际应用价值.

然而，ADP 中评价网络的设计会影响 ADP 方法的性能，进而对 ADP 方法在多智能体系统一致性控制中的应用产生影响. 目前主要采用参数化方法构建评价网络，如神经网络(neural networks，NNs)、线性函数逼近器等. 参数化方法需要预设函数原型结构，在环境未知情况下的泛化精度难以衡量. 实际情况中，当多智能体系统模型信息未知时，很难选择参数化方法的函数模型结构来设计评价网络. 而评价网络的模型结构设计不合理会影响 ADP 方法的有效性，进而对一致性控制器的设计产生影响. 上述问题制约了 ADP 方法在多智能体系统一致性控制中的推广和应用. 因此，提出一种新的评价网络设计方法，以提高评价网络的泛化性能，对提高 ADP 方法在多智能体系统一致性控制中的适用性具有重要的意义.

本书探索 ADP 方法在多智能体系统一致性控制中的应用，同时针对上述评价网络设计存在的问题展开讨论，将 ADP 方法应用到一致性控制中，为多智能体系统一致性控制提供新的思路. 此外，寻找新的 ADP 评价网络设计方法，应用非参数化方法，如高斯过程回归(Gaussian process regression)，实现在系统模型未知情况下构建评价网络的模型结构，以提高 ADP 方法的适用性. 本书对改善复杂未知环境下 ADP 方法的适用性，促进多智能体系统一致性控制的发展具有重要意义.

1.2 国内外研究现状

传统的一致性控制器的设计需要基于系统的模型信息，而在实际应用环境中，多智能体系统的模型信息是未知的，或者很难应用机理建模方法得到系统的模型信息. ADP 方法基于数据学习控制器原理，不需要已知系统的模型信息，适用于解决系统模型未知情况下的优化控制问题，在系统模型未知情况下的多智能体系统一致性优化控制问题的求解中具有极大的潜力.

近年来，多智能体系统一致性控制和 ADP 方法研究在国内外得到了长足的发展. 本节首先介绍 ADP 方法研究的发展现状，对 ADP 方法的优点进行了总结，然后介绍目前一致性控制的相关研究现状，重点对 ADP 方法在多智能体一致性控制中的应用情况进行介绍，最后介绍目前 ADP 中常用的评价网络设计方法.

1.2.1 自适应动态规划理论

ADP 是一种基于数据的智能控制方法，具有与人脑智能非常接近的学习和优化功能，它基于强化学习原理，通过环境反馈模拟人脑进行学习[39]. 由 Werbos 教授在 1977 年首次提出，其思想是结合函数近似结构(例如神经网络、多项式、核函数等)逼近代价函数，采用时间正向求解的方式实现动态规划问题的求解[40,41]. ADP 主要包括三种启发式结构：启发式动态规划(heuristic dynamic programming, HDP)、双启发式动态规划(dual heuristic programming, DHP)、全局双启发式动态规划(globalized dual heuristic programming, GDHP)，以及两种"执行依赖"结构：执行依赖启发式动态规划(action dependent heuristic dynamic programming, ADHDP)以及执行依赖双启发式动态规划(action dependent dual heuristic programming, ADDHP)[42]. 1997年，文献[43]利用HDP、DHP、ADHDP以及ADDHP方法实现了离散时间线性系统最优控制，并对这四种方法的收敛性进行了分析.

ADP采用评价-执行(actor-critic)结构[44]，通过迭代计算的方式以满足最优性原理，从而获得最优控制策略和最优性能指标函数，其基本结构如图1.1所示. 可以看出，ADP主要由3个部分组成：动态系统、执行网络(actor network)和评价网络(critic network). 在实际应用中，每个部分均可以采用神经网络、核方法等函数近似结构来替代，其中动态系统可以通过神经网络进行辨识建模. 评价和执行网络分别被用来逼近最优性能指标函数和最优控制策略. 执行网络和评价网络的组合相当于一个智能体，模拟了人类大脑的学习机制，当控制作用于动态系统之后，通过被控对象在不同阶段产生的效用函数(奖励/惩罚)来影响评价网络. 评价网络参数的更新是基于Bellman最优性原理进行的，网络结构中的参数根据Bellman误差自适应地进行调整. 执行网络参数的更新是基于最小化或最大化评价网络的输出进行的. 这种更新方式可以在线响应未知系统的动态变化，实现对评价-执行网络参数的动态调整，还可以减少前向计算的时间.

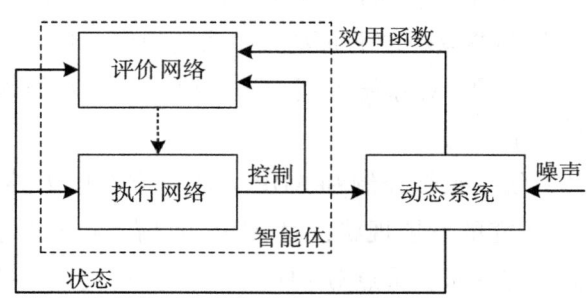

图1.1　ADP结构示意图

ADP主要采用值迭代和策略迭代两种方式进行迭代计算[45]. 值迭代算法不需要稳定的初始控制策略，从任意正定初始值函数开始，直接对最优性能指标函数进行搜索，然后通过最小化最优性能指标函数得到最优控制策略，但是迭代过程中控制器的稳定性不能得到保证[46]. 文献[47]采用值迭代的HDP算法求解离散时间Hamilton-Jacobi-Bellman(HJB)方程以解决离散时间非线性系统的最优控制问题，并通过值函数的单调性和有界性证明了值迭代的收敛性.考虑到高维非线性系统在采用 ADP 方法进行迭代学习的过程中,每一次迭代学习需要更多的时间,文献[48]提出了一种局部值迭代的方法加速每次迭代过程,计算量大大减少,适用于高维动态系统.但上述方法[47,48]需要已知系统的模型信息.

当系统模型信息未知时,文献[49]首先通过神经网络辨识未知的系统模型,然后结合文献[47]中的值迭代算法,解决系统模型未知的最优控制问题.文献[50]通过定义新型性能指标函数并采用值迭代的方法实现了非线性系统的最优跟踪控制,同样采用了神经网络对系统进行辨识.然而采用系统辨识会引入辨识误差,进而影响 ADP 方法的性能.

为克服上述方法需要已知系统模型或需要采用系统辨识方法的缺点,文献[51]采用基于动作-状态值函数(Q 函数)值迭代的 HDP 和 DHP 结构解决线性离散时间零和博弈问题,该方法不需要已知系统的模型信息,也不需要进行系统辨识.文献[52]首次提出了针对连续时间系统的无模型值迭代方法,并基于随机逼近理论证明了该方法的收敛性.

策略迭代算法要求初始策略是稳定的,直接对最优控制策略进行搜索,分为策略评估和策略改进两个步骤,两个步骤不断地重复进行直至算法收敛到最优性能指标函数和最优控制策略.在策略迭代过程中控制器的稳定性可以得到保证.相比于值迭代算法,策略迭代算法需要的迭代次数相对较少,但每一次迭代中策略评估需要长时间的迭代才能收敛[46].策略迭代算法在每一步都需对策略评估方程进行求解,而策略评估方程为非线性 Lyapunov 方程.值迭代算法依赖值函数迭代方程的解,而值函数迭代方程为一递推方程.

文献[53]针对连续时间仿射非线性系统,证明了如果初始控制策略为稳定的控制策略,那么策略迭代算法可以实现系统稳定性和迭代过程收敛性.文献[54]将策略迭代方法应用于具有饱和约束的连续非线性系统,并证明了收敛性.文献[55]利用时序差分学习对带有积分项的评价函数进行拟合,提出了基于策略迭代的积分在线强化学习算法以实现线性连续时间系统的最优控制.上述方法[53-55]不需已知系统内部动态特性,但仍需已知系统的部分模型信息.文献[56]提出了一种在线同步策略迭代算法,该算法可以同时实现评价和执行网络的更新,并借助 Lyapunov 函数方法从理论上对闭环系统的一致最终有界稳定性进行了分析,但是算法的设计需要知道模型信息.

为克服需要已知系统模型信息的缺点,文献[57]利用 Q 函数仅依赖系统的状态量和控制输入,可直接通过最小化 Q 函数求取最优控制,无须涉及系统动态特性的特点,提出了一种采用策略迭代的积分 Q 学习方法实现模型完全未知的线性连续时间系统的最优控制.文献[58]针对离散时间仿射非线性系统的无限时域最优控制,提出了

一种结合 Q 函数和 ADHDP 的策略迭代学习控制方法，并对该方法的收敛性进行了讨论. 文献[59-61]提出了基于积分策略迭代的不确定系统鲁棒最优控制方法，将鲁棒控制、BackStepping 技术和小增益定理等现代非线性控制理论引入 ADP，形成了鲁棒 ADP 方法，该方法也不需要系统的模型信息.

综合以上分析，无论是采用值迭代还是采用策略迭代的 ADP 方法，均为解决系统模型未知情况下的优化控制问题提供了一种有效的解决方案. 在多智能体系统中，不同于单个智能体系统的优化控制问题，智能体之间存在信息交互使智能体间的动态特性是相互耦合的. 这就导致了求解多智能体系统一致性优化问题的关键点在于求解耦合的 HJB 方程. 而在系统模型未知的情况下，很难获得耦合的 HJB 方程的解析解. 因此，利用 ADP 方法逼近耦合 HJB 方程的解，实现系统模型未知情况下的多智能体系统一致性控制，将提高多智能体系统一致性控制的适用性，促进一致性控制的发展.

1.2.2 基于 ADP 的多智能体系统一致性控制

一致性问题源于 20 世纪 70 年代的管理科学和统计学，文献[62]结合相关知识首先提出了统计一致性理论. 文献[63]基于蜂群、鱼群、鸟群以及其他群体在自然界中表现出的群体行为利用计算机进行了模拟仿真，同时根据仿真结果提出了知名的 Boid 模型. 文献[64,65]利用矩阵理论、代数图论等方法从理论上对呈现一致性特性的 Vicsek 模型进行了分析，第一次展示了严格意义上的一致性理论分析结果. 结果表明，网络拓扑的无向连通性可以保证系统的一致性. 文献[66]系统地研究了一阶多智能体系统的一致性问题，通过线性空间理论和 Lyapunov 方法讨论了固定拓扑、切换拓扑以及迟延网络下多智能体系统的稳定性和收敛性.

目前关于多智能体系统一致性控制的研究可以根据系统中领航者的数量划分为三种类别：无领航者的一致性控制、领导-跟随一致性控制（一个领航者）以及包含控制（多个领航者）[67-69]. 无领航者多智能体系统一致性导致所有智能体收敛到一个依赖于智能体初始条件的不可控的公共值. 而当多智能体系统中包含状态不依赖跟随者的领航者时，系统的控制目标转变为实现跟随者和领航者状态的一致[70-72]. 领导-跟随多智能体系统的控制目标可以通过控制领航者来实现. 这既能简化控制器的设计，又能节省控制能量和费用[73]. 本书研究含有领航者的多智能体系统一致性控制，包括包含控制和领导-跟随一致性控制. 同时，还对包含一个领航者的异构多智能体系统输出一致性控制展开了研究.

1. 多智能体系统包含控制

对于含有多个领航者的包含控制问题，其控制目标是将每个跟随者驱动到由多个领航者构成的凸包中[67-69]. 在许多领域, 包含控制拥有潜在的和重要的研究价值. 例如, 一组自主移动机器人计划一起工作以从某些区域移除有害物质, 为了防止机器人进入人口密集的区域, 可以通过指定一些机器人作为领航者, 并使另一些被指定为跟随者的机器人进入由领航者组成的安全区域内. 这种实现有害物质去除的方式实际上可以看作多智能体系统包含控制的应用.

近年来, 多智能体系统包含控制问题得到了广泛的研究[74-82]. 文献[74-76]研究了具有单积分器和双积分器动力学结构的包含控制问题. 其中, 文献[76]给出了实现包含控制的充分必要条件. 实际应用中智能体动态特性比较复杂, 很难用单积分器或双积分器进行建模. 因此, 近年来学者们开始关注系统具有一般线性或非线性特性的包含控制问题[77-82].

对于具有一般线性系统动态的多智能体系统包含控制问题, 文献[77]基于输出调节理论, 采用动态反馈控制方法实现了连续时间线性异构多智能体系统包含控制. 文献[78]研究了线性多智能体系统的分布式包含控制问题, 提出了基于相邻智能体相对输出的分布式动态输出反馈控制器设计思想. 文献[79]设计了快速滑模控制器, 解决了具有多个动态领航者的一般线性多智能体系统包含控制问题. 文献[80]通过引入矩阵变换, 给出了控制器和观测器同时设计的充分条件, 从而保证高阶线性多智能体系统在有向通信拓扑下包含控制的实现. 文献[81]研究了具有一般非线性系统动态的高阶多智能体系统在固定无向图和固定有向图下的输出反馈分布式包含控制问题. 文献[82]研究了具有多个动态领航者的非线性拉格朗日网络系统在有向图拓扑下的分布式包含控制问题.

需要注意的是, 上述关于多智能体系统包含控制的方法均是基于一个隐含的假设而实现的, 即多智能体系统的模型信息是完全已知的. 由于实际情况下很难获取系统的模型信息, 这种假设在某些实际情况中并不总是成立的. 此外, 文献[74-82]中的包含控制方法没有考虑控制过程中的能量最小化问题.

大多数系统的动态特性是未知的或过于复杂, 在实际应用中难以获得, 这限制了文献[74-82]中包含控制方法的应用. 但是实际环境中存在包括系统状态信息的大量数据, 采用数据驱动的方法实现多智能体系统包含控制是一种可行的解决方案. 此外, 在包含控制器设计中还应考虑控制过程中能量最小化问题. 能量最小化问题可以考虑利用能耗、效率和精度的最优控制来实现[83]. 而 ADP 融合了动态规划、强化学习以及最优控制的思想, 能够利用在线或离线数据求解模型未知的优化控制问题. 因此, 研究基于 ADP 的数据驱动方法实现多智能体系统包含控制并考虑控制过程中的能量最小化问题具有一定的理论研究价值和实际应用价值.

2. 多智能体系统领导-跟随一致性控制

如果系统中仅存在一个领航者，一致性控制问题转换为领导-跟随控制问题．其目标是设计一致性协议使每个跟随者实现对领航者状态的跟踪[84,85]．文献[65]利用最近邻原理，证明了在时变拓扑条件下如果所有的智能体都与其领航者联合联通，那么其状态将随着时间的推移而收敛到领航者的状态．文献[86]将文献[65]中的结论拓展到了有向图的情况．文献[87]研究了固定拓扑和切换拓扑下具有时变时滞的领导-跟随一致性问题．文献[73]通过设计时变一致性增益来实现考虑测量噪声的多智能体系统领导-跟随一致性控制．

以上研究文献[65,73,86,87]中，学者们更多地关注多智能体系统的稳定性问题，而对作为系统主要特性的最优性问题却鲜有研究．最优一致性控制不仅考虑使所有智能体达到同步，还考虑使控制过程中的能量消耗最小．一些学者开始利用博弈框架研究多智能体系统最优一致性控制[88]．博弈理论为研究动态交互的多人决策控制问题提供了理想的工具[89]．它研究智能体间的行为是如何相互影响的，系统中的每个智能体单独优化自己的性能函数并做出最优的决策，最终系统将收敛到纳什均衡解．由于多智能体系统中每个智能体的策略受到其自身和其邻居智能体行为的影响，为了得到纳什均衡解，必须求解多个耦合的 HJB 方程，该方程在线性二次型调节器(linear quadratic regulator, LQR)情况下转换为耦合的博弈代数黎卡迪方程(game algebraic Riccati equations, GARE)．由于 HJB 方程或者 GARE 中包含系统的模型信息，并且 HJB 方程中包含偏微分项，那么在系统模型未知的情况下，就很难甚至不可能得到耦合 HJB 方程或者 GARE 的解析解[90]．

近年来，许多学者采用 ADP 方法来获取耦合 HJB 方程或者 GARE 的近似解，以实现多智能体系统的最优一致性控制．基于 ADP 的最优一致性控制方法被用来解决连续时间线性异构多智能体系统[91]、智能体具有不同输入矩阵的连续时间线性多智能体系统[71,92,93]、不同输入矩阵的离散时间线性多智能体系统[72,94-96]以及线性同构多智能体系统[97-99]的状态一致性控制问题．在许多实际情况下，线性模型不足以描述智能体的动态特性．根据实际需要，研究模型无关的非线性多智能体系统的最优一致性控制问题更具有实际应用价值．

为此，一些学者开始研究利用 ADP 方法来实现非线性多智能体系统的最优一致性控制[100-103]．文献[100]提出基于策略迭代的在线模糊 ADP 方法来解决连续时间非线性多智能体系统的一致性控制问题．文献[101]提出一种基于值迭代的在线分布式最优 ADP 控制算法实现连续时间非线性多智能体系统的最优一致性控制．文献[102]通过引入预补偿器，提出了基于 ADP 的分布式最优协调控制方法来实现系统模型完全未知的连续时间非线性多智能体系统最优一致性控制.文献[103]针对具有不确定非线性动态特性的分布式多智能体系统,设计了一种结合图论和ADP方法的近似最优控制器以实现一致性控制.

在这些非线性多智能体系统最优一致性控制方法中,文献[100,101]要求多智能体系统的模型必须已知,而系统模型在大多数情况下是难以获得的.为了克服系统模型必须已知的缺点,文献[103]采用神经网络来逼近每个智能体的动态特性.然后,在神经网络模型的基础上采用ADP方法.这种方法会产生额外的计算开销,并且会引入逼近误差,进而降低ADP方法的有效性[104].文献[102]采用预补偿器的方式对系统进行扩展以实现无模型最优一致性控制.这种无模型控制方法是以使用改进的性能指标函数和增加状态空间的维度为代价实现的[105].状态空间维度的增加必然会引起ADP方法计算复杂度的增大,因此,有必要研究一种新的模型无关的非线性多智能体系统最优一致性控制方法以满足实际应用需求.

3. 异构多智能体系统输出一致性控制

关于多智能体系统的一致性控制研究,大多集中于状态一致性控制,且主要针对同构多智能体系统(所有智能体具有相同的系统动态特性)[70,73,84-87,97-99,106-108],或者具有不同输入矩阵但是内部动态特性相同的多智能体系统[71,72,92-96,100-102].文献[91]和文献[103]研究了异构多智能体系统的状态一致性控制,要求所有智能体的状态空间维度是相同的.然而,在许多实际应用中,智能体是异构的.在异构多智能体系统中,智能体的系统动态甚至状态空间维度是不同的.对于这些异构多智能体系统,讨论状态一致性是没有意义的[109].因此,学者们开始研究异构多智能体系统的输出一致性控制[110-120].例如,基于内模原理的控制方法被用来实现线性[110-112]和非线性[113]异构多智能体系统的输出一致性控制.文献[118]提出了一种采用自触发方式的模型预测控制(model predictive control, MPC)方法实现异构线性多智能体系统的输出一致性控制.但是文献[110-120]中的多智能体系统输出一致性控制器的设计均须知道系统的模型信息.

为了规避系统模型信息必须已知的问题,有些学者采用基于ADP或强化学习的方法实现模型无关的异构多智能体系统的输出一致性控制[121-126].利用分布式自适应观测器,文献[121]和[122]分别提出了针对连续时间线性和非线性异构多智能体系统的最优输出一致性控制的无模型强化学习算法.文献[123]利用ADP和双补偿器的方法实现了无模型异构线性多智能体系统最优输出一致性控制.文献[124]采用基于Q学习的强化学习算法处理离散时间线性异构多智能体系统的最优输出同步问题,设计了自适应分布式观测器来估计领航者的状态.文献[125]提出了一种离策略(off-policy)强化学习算法实现具有动态领航者的连续时间线性异构多智能体系统的分布式输出同步控制,该算法无须已知跟随者的动态特性. 文献[126]提出了一种不需要已知任何系统动态特性的离策略积分强化学习算法来求解连续时间线性异质多智能体系统的最优鲁棒输出包含控制问题.

然而, 文献[121-126]中设计的输出一致性控制器都依赖完整的状态表示. 实际多智能体系统的状态量并不总是完全可测量的, 因为一些实际系统的内部状态不能被传感器检测到, 或者制造传感器以获得这些内部状态可能代价过高. 这意味着这样的系统具有部分可观测马尔可夫决策过程(partially observable Markov decision processes, POMDP)的特性. 为此, 一些学者开始研究采用传统状态观测器估计不可测状态, 然后结合设计的控制器实现异构多智能体系统的输出一致性控制[127-130]. 例如, 文献[127]提出了一种带观测器的分布式控制算法, 用于解决存在通信约束的异构线性多智能体系统的合作式输出调节问题. 文献[128]设计了基于观测器的自适应协议以实现异构多智能体系统的领导-跟随输出一致性控制. 但是, 文献[127-130]中状态观测器的设计需要知道系统的模型信息, 不适用于系统模型未知的实际应用情况.

系统的内部状态信息包含在足够长的一组输入/输出数据中[131]. 可以使用可测量输入/输出数据表示系统的内部状态, 然后直接以输入/输出反馈形式设计控制器. 同时, 结合ADP方法的无模型特性, 在系统模型未知的情况下, 利用输入/输出数据设计输出反馈控制器以克服部分可观环境的局限, 实现模型无关的异构多智能体系统输出一致性控制.

1.2.3 自适应评价网络设计方法

自适应评价网络设计(adaptive critic design, ACD)是ADP方法中一种流行的体系结构, 其中评价网络用于逼近值函数, 执行网络依据对值函数的评价确定动作的选择[56]. ADP方法的收敛性和学习效率依赖评价网络的设计, 在多智能体系统模型未知的情况下, 很难设计合适的评价网络进行值函数逼近学习. 如果评价网络设计不合理, 会影响值函数的逼近效果, 使学习到的值函数不准确, 会影响一致性控制器的设计. 如何设计具有高效泛化能力的评价网络进行值函数的估计, 是应用ADP方法实现多智能体系统一致性控制需要解决的关键问题.

目前绝大部分评价网络设计采用反向传播神经网络(back propagation neural network, BPNN)[132-135]. 例如, 文献[132]提出了一种基于有限近似误差的广义值迭代算法, 采用BPNN构建评价网络和执行网络. 文献[133]提出了在线策略迭代的ACD方法, 以实现非线性系统的自适应最优控制, 其中BPNN用于参数化地表示控制策略和值函数. 文献[134]研究了全局DHP方法, 以实现非线性系统在模型未知情况下的近似最优控制, 利用三个 BPNN 分别逼近损失函数及其导数、控制策略和被控系统. 同时, 径向基函数 NNs[27]、小波 NNs[136]、递归 NNs[137]、回声状态网络[138]等也被用来设计评价网络.

然而, 在基于 NNs 的值函数逼近过程中存在如下问题:

(1) 作为参数化逼近方法, NNs 的隐含层节点数、层数需要人为设定;

(2) 作为一种非线性逼近方法, NNs 在训练过程中容易陷入局部最优, 导致逼近算法的收敛性难以保证[139];

(3) 假如被控对象的阶数、动态特性等相关知识未知, 基于 NNs 值函数逼近的评价网络结构的有效性很难得到保证[140].

因此, 许多学者引入诸如核方法的非参数化建模方法. 核方法具有较强的特征表示能力, 比人工设计结构的 NNs 具有更强的泛化能力[141]. 目前, 核方法已成为 ACD 中逼近值函数以提高评价网络泛化性能的普遍方法[142,143]. 此外, 由于采用核方法进行值函数逼近得到的是凸函数, 故可以保证 ACD 方法的收敛性[144]. 文献[145]首次提出了通过使用加权核方法来近似值函数的连续状态空间强化学习算法, 该方法无须知道系统的状态转移概率. 文献[146]采用基于流行学习(manifold learning)的测地高斯核(geodesic Gaussian-kernels)进行值函数逼近. 文献[139]结合核函数和 ADP 方法, 提出了采用核方法的 KHDP 和 KDHP 算法. 文献[143]证明了基于核函数的强化学习算法在核函数的带宽随着采集样本数量增加而收缩的条件下, 最终可以学习得到最优的控制策略. 文献[147,148]利用高斯过程回归对值函数进行建模, 提出了高斯差分学习方法, 并从理论上分析了该方法兼具时序差分学习和蒙特卡罗学习的特点, 可以快速准确地实现对控制策略的评估.

上述基于核方法的算法有一个共同的缺点, 就是核函数及其长度因子(也称为超参数)通常是根据先验知识进行选择的, 并且在学习过程中保持不变. 当超参数选择不合适时, 学习过程将从错误的超参数假设空间开始, 从而无法逼近真实的值函数. 文献[149]设计了一种多核学习近似结构, 它能够调整一系列基核的权重, 从而改善核方法的特征表示性能. 该方法为解决超参数选择问题提供了一种实用的方法, 但核函数的数量及其对应的超参数仍然采用经验方法进行选择.

在将 ADP 方法应用于多智能体系统一致性控制时, 如果被控对象的特性未知, 将很难根据人为经验设计合适的超参数. 那么, 这种超参数保持不变的学习方式会导致在值函数逼近过程中学习到的值函数不准确, 有可能会影响整个值函数的迭代学习过程. 因此, 需要研究一种在进行值函数逼近的同时优化超参数, 实现值函数模型和值函数同时更新, 使学习到的值函数更加准确的算法, 以促进 ADP 方法在模型未知情况下多智能体系统一致性控制中的应用.

1.3　现有研究存在的问题

根据前文所述，通过对比国内外发展现状，关于结合 ADP 方法实现多智能体系统一致性控制还存在以下几个主要的研究难点和需要改进的方向：

1. 模型无关多智能体系统最优包含控制

传统的多智能体系统包含控制中控制器的设计大多是基于系统的模型已知这一假设条件. 但在实际应用中，系统的模型信息是很难获取的，以至很难应用传统的包含控制方法. 并且传统的包含控制方法关注多智能体系统的稳定性问题，而作为多智能体系统主要特性的最优性问题并没有被考虑. ADP 理论融合了动态规划、强化学习和最优控制的思想，能够解决模型无关的最优控制问题. 如何利用 ADP 方法实现模型无关多智能体系统最优包含控制以更好地贴合实际应用环境是包含控制研究的迫切需求.

2. 模型无关非线性多智能体系统最优一致性控制

现有的关于多智能体系统无模型最优一致性控制研究大多集中于线性系统. 但从实际需要出发，研究非线性多智能体系统的最优一致性控制问题更具有现实意义. 而关于非线性系统的领导-跟随一致性控制器的设计需要知道系统的模型信息，或者采用系统辨识的方法得到系统的近似模型，然后根据近似模型设计一致性控制器. 同样地，模型信息在实际应用中很难获取，而采用系统辨识的方法会引入辨识误差，进而影响控制器的性能. 有学者采用预补偿器的方式对系统进行扩展以实现无模型最优一致性控制. 这种方法会增加状态空间的维度，进而增加求解控制器时的计算量. 为了提高一致性控制方法的工程适用性，有必要研究一种新的 ADP 方法以实现模型无关的非线性多智能体系统最优一致性控制.

3. 部分可观环境下异构多智能体系统输出一致性控制

关于多智能体系统的一致性控制研究，大多集中于状态一致性控制，包括同构多智能体系统状态一致性控制、异构多智能体系统状态一致性控制. 关于这些状态一致性控制的研究要求系统的状态空间维度相同. 然而，在许多实际应用中，智能体是异构的，具体表现为：智能体的系统动态甚至状态空间维度是不同的. 对于这些异构多智能体系统，学者们开始研究输出一致性控制. 而关于异构多智能体系统输出一致性控制的研究需要知道系统的模型信息，并且需要系统的内部状态可测. 但是，实际情况下很难获取系统的模型信息，并且有些系统的内部状态信息很难观测到，这些情况会影响控制器的设计. 因此, 在系统模型未知的情况下, 仅利用系统的输入/输出数据设计输出反馈控制器实现部分可观多智能体系统的输出一致性控制, 就更具有实际意义.

4. 非参数化评价网络设计方法

利用 ADP 方法可以解决模型无关的最优控制问题. 但是 ADP 方法的收敛性和学习效率依赖评价网络的设计(值函数的逼近), 如何设计具有高效泛化能力的函数逼近器实现对值函数的准确估计, 是实现 ADP 方法在一致性控制中应用需要解决的一个关键问题. 传统的非参数化评价网络设计方法中, 决定值函数模型的超参数是利用系统模型的先验知识进行选择的. 当系统模型信息未知时, 很难选择合适的超参数. 而超参数的选择不合理会影响值函数的逼近效果, 进而影响 ADP 方法的性能, 从而影响一致性控制器的设计. 如何设计一种同时进行值函数逼近和值函数模型优化的方法, 实现对值函数的准确逼近, 提高 ADP 方法的工程适用性, 对促进 ADP 方法在多智能体系统一致性控制中的应用具有重要意义.

针对上述问题, 本书对多智能体系统一致性控制问题展开研究, 提出了几种基于 ADP 的模型无关最优一致性控制方法, 在实现一致性控制的同时, 还考虑控制过程中能量消耗最小的问题. 此外, 本书还提出了一种基于高斯过程回归的双阶段值迭代评价网络设计方法. 本书的研究成果具有重要的科学意义和广阔的应用前景, 将推动 ADP 方法在多智能体系统一致性控制中的应用, 同时还将提高 ADP 方法在复杂未知环境下的适用性.

1.4 研究内容与结构安排

本书主要研究基于数据的 ADP 方法在多智能体系统一致性控制中的应用. 基于前文所述目前关于多智能体系统一致性控制以及 ADP 方法中存在的不足, 本书由相关的 6 章组成, 每章的主要内容如下:

第 1 章首先对本课题的研究背景与意义进行阐述, 然后对多智能体系统一致性控制和 ADP 方法的研究现状进行介绍, 指出当前研究存在的问题, 引出本课题的研究内容.

第 2 章研究基于 ADP 的模型无关线性多智能体系统包含控制方法. 主要研究对象为包含多个领航者的线性多智能体系统. 首先, 通过设计关于当前跟随者与领航者以及邻居智能体的局部邻域包含误差, 将多智能体系统包含控制问题转换为关于局部邻域包含误差的最优调节问题. 利用基于 Q 函数的值迭代方法来解决转换后的最优调节问题，结合基于多项式拟合的评价-执行网络设计方法逼近最优包含控制策略和最优 Q 函数. 同时证明了当多智能体系统的通信拓扑图为平衡图时，所得到的控制策略能够实现包含控制，并且多智能体系统将收敛到纳什均衡解. 最后通过数值仿真验证了所提方法的有效性.

第 3 章研究基于评价-执行网络结构的多智能体系统最优一致性控制. 主要研究对象为包含一个领航者的非线性多智能体系统. 首先，设计了有关跟随者动作、跟随者邻居动作以及局部一致性误差的局部性能指标函数. 通过最小化局部性能指标函数，得到耦合的 HJB 方程. 为获取耦合的 HJB 方程的近似解，提出了基于局部 Q 函数的分布式策略迭代 ADP 方法. 同时，给出了分布式策略迭代方法的收敛性以及闭环系统的稳定性证明. 所提方法不仅可以实现跟随者对领航者的跟踪，也可以使系统收敛到纳什均衡解. 引入基于神经网络的评价-执行网络框架实现所提的 ADP 方法，其中，评价网络和执行网络分别用来逼近局部 Q 函数和控制策略. 最后通过一系列的仿真实验验证了所提方法的有效性.

第 4 章研究部分可观异构多智能体系统模型无关最优输出一致性控制. 首先，利用分布式自适应观测器来估计每个智能体关于领航者的输出，将最优输出一致性控制问题转换为分布式最优跟踪控制问题. 此时，每个智能体要跟踪的对象由自适应分布式观测器生成. 结合智能体和领航者的动态特性，构建增广系统. 同时，利用历史输入/输出数据重构不可观测的内部状态，引入以输入/输出反馈形式表示的 Q 函数. 在 Q 函数的基础上，设计 ADP 的值迭代算法，逼近最优跟踪控制策略和最优 Q 函数，同时分析了迭代算法的收敛性. 最后结合数值仿真对所提方法的有效性进行了验证.

第 5 章介绍了基于高斯过程回归的双阶段值迭代评价网络设计方法. 首先，分析了高斯过程超参数优化和值函数逼近的耦合关系：当值函数已知时，可以利用极大似然估计获得高斯过程超参数，而当高斯过程超参数已知时，值函数可以通过 ADP 的迭代方法得到. 因此，提出了同时更新超参数和值函数的在线更新方法，以实现评价网络更新. 其次，对所提算法的收敛性进行了分析，得到了算法实现的关键条件. 最后，通过设计有关单智能体系统和多智能体系统的仿真实验验证了算法的有效性.

第 6 章总结本书的研究成果，并结合现有的关于多智能体系统一致性控制和 ADP 的研究对今后的研究工作进行展望.

第 2 章　模型无关线性多智能体系统包含控制方法

2.1　引　言

传统的多智能体系统包含控制方法需要已知系统的数学模型. 但是, 在实际工程应用中, 建立系统的模型需要领域专业知识, 过程烦琐. 即使可以建立模型, 确定模型的参数也是一项复杂的工作. 并且, 进行系统建模不可避免地会引入建模误差, 进而影响包含控制器的性能. 同时, 传统包含控制器的设计仅考虑系统的稳定性, 很少考虑最优性.

ADP 方法无须已知系统模型, 适用于解决模型未知系统的控制问题. 本章首次将 ADP 方法应用于模型未知的多智能体系统最优包含控制中, 提出模型无关的分布式 ADP 最优包含控制方法. 相比于传统的包含控制器设计, 所提方法能够在智能体系统模型未知的情况下实现包含控制, 并且在控制器设计时考虑系统的最优性.

首先, 根据智能体间的交互拓扑关系, 定义了局部邻域包含误差, 将最优包含控制问题转化为针对局部邻域包含误差动态系统的最优调节问题. 引入了关于每个跟随者的性能指标函数, 性能指标函数以局部邻域包含误差、跟随者及其邻居跟随者的控制输入为变量. 通过最小化定义的性能指标函数, 导出了耦合的离散时间 HJB 方程. 证明了耦合的离散时间 HJB 方程的解可以实现多智能体系统的包含控制, 并且可以保证纳什均衡. 受文献[140]的启发, 提出了一种基于局部 Q 函数的执行依赖启发式动态规划(ADHDP)方法来获得耦合离散时间 HJB 方程的近似解, 该算法使用基于局部 Q 函数值迭代方法进行迭代计算. 为了实现 ADHDP 方法, 使用基于多项式拟合的评价-执行网络来逼近最优局部 Q 函数和最优控制策略. 最后, 对所提的方法进行了数值仿真实验, 实验结果与理论分析保持一致, 验证了所提方法的有效性.

2.2　包含误差动态系统

本节首先介绍了用来描述包含 M 个领航者和 N 个跟随者的多智能体系统的代数图

论[150]的相关知识,并对本章所研究问题的难点进行了分析.

2.2.1 代数图论

代数图论在描述和研究多智能体系统的通信拓扑结构时起着主导的作用. 利用图论知识能清晰地描述智能体间的信息交互,若智能体之间的信息传递是有方向的,则智能体之间信息传递的过程可以用有向图来表示;反之,则用无向图来表示. 本章对采用有向通信拓扑的多智能体系统开展研究,因此,首先对有向代数图的相关知识进行了说明. 有向图中的节点表示了多智能体系统中的智能体,节点的状态变量可以用来表示智能体的位移、速度、加速度等多种物理量,有向边则表示智能体与智能体之间允许的信息流. 以下对需要用到的与多智能体系统一致性控制研究相关的图论知识进行介绍.

考虑由 M 个领航者(没有输入信息,表现出自主行为)和 N 个跟随者组成的多智能体系统,将智能体看作一个节点,智能体之间的通信网络拓扑结构用一个有向图 $G = (V, \varepsilon, A)$ 描述. 有向图 G 由 N 个节点的非空有限集合 $V = \{v_1, \cdots, v_N\}$、有向边集 $\varepsilon \subseteq V \times V$ 以及一个相关的权重邻接矩阵 $A = [a_{ij}] \in \mathbb{R}^{N \times N}$ 组成. 有向图 G 的边表示为 $v_{ij} = (v_j, v_i) \in \varepsilon$,$v_{ij}$ 表示智能体 i 可以获取到智能体 j 的信息. 权重邻接矩阵 A 中的元素 a_{ij} 表示边 v_{ij} 的权重,a_{ij} 均是非负实数. 如果 $v_{ij} = (v_j, v_i) \in \varepsilon$,则有 $a_{ij} > 0$;否则 $a_{ij} = 0$. 定义节点 v_i 的邻居集合为 $N_i = \{v_j : (v_j, v_i) \in \varepsilon\}$. 定义有向图的入度矩阵为对角矩阵 $D = \text{diag}\{d_i\}$,其中对角元素 $d_i = \sum_{j \in N_i} a_{ij}$. 定义图的拉普拉斯矩阵(Laplacian matrix)表示为 $L = D - A$,并且矩阵 L 中的元素满足:

$$l_{ij} = \begin{cases} -a_{ij}, & i \neq j, \\ \sum_{i=1}^{N} a_{ij}, & i = j. \end{cases}$$

如果从节点 v_i 到节点 v_j 存在一条有向路径 $\{(v_i, v_k), (v_k, v_l), \cdots, (v_m, v_n), (v_n, v_j)\}$,则称节点 v_j 从节点 v_i 可达(reachable). 当且仅当存在至少一个领航者形成的根节点可到达其他所有节点,则称有向图包含生成树. 令 δ_i^q 表示领航者 q 到跟随者 i 的牵引增益,领航者 q 的邻接增益矩阵定义为 $G_q = \text{diag}\{\delta_1^q, \cdots, \delta_i^q, \cdots, \delta_N^q\} \in \mathbb{R}^{N \times N}$ ($i = 1, \cdots, N; q = 1, \cdots, M$),如果跟随者 i 可以获取领航者 q 的信息,则 $g_i^q > 0$;否则 $g_i^q = 0$. 如果任意两个不同的节点之间存在有向路径,则称有向图为强连通图.

假设 2.1 多智能体系统的拓扑图为平衡图,满足 $\sum_{j \in N_i} a_{ij} = \sum_{j \in N_i} a_{ji}$,且每个领航者对所有跟随者都有一条有向路径.

2.2.2 包含误差动态系统问题描述

许多实际对象(如机械手、移动机器人等)可能具有相同的本体设计,而驱动器的设计可能不同.这些对象使用不同类型的电动机,使动力学具有相同的状态矩阵,但是系统的控制输入矩阵不同.因此,本章考虑由 M 个相同动态系统的领航者和 N 个跟随者组成的离散时间多智能体系统,其中所有的跟随者具有相同的系统内部状态矩阵和不同的系统输入矩阵.

第 i 个跟随者的动态方程为

$$x_i(k+1) = Ax_i(k) + B_i u_i(k), \quad i = 1, 2, \cdots, N, \tag{2.1}$$

其中, $x_i(k) \in \mathbb{R}^n$, $u_i(k) \in \mathbb{R}^{m_i}$, 分别表示跟随者 i 的系统状态和控制输入.

第 q 个领航者的动态方程为

$$x_0^q(k+1) = Ax_0^q(k), \quad q = 1, 2, \cdots, M, \tag{2.2}$$

其中, $x_0^q(k) \in \mathbb{R}^n$, 表示领航者 q 的系统状态.

假设 2.2 $A \in \mathbb{R}^{n \times n}$ 和 $B_i \in \mathbb{R}^{n \times m_i}$ 为常数矩阵,并且是未知的.

定义 2.1 如果对任意 $x \in C$, $y \in C$ 和 $0 < \gamma < 1$, 满足 $(1-\gamma)x + \gamma y \in C$, 那么集合 C 为凸集. 由所有领航者的状态构成的凸包是包含 $\{x_0^1, x_0^2, \cdots, x_0^M\}$ 中所有点 $x_0^q(q=1, \cdots, M)$ 的最小凸集, 表示为

$$\text{co}\{x_0^1, x_0^2, \cdots, x_0^M\} = \Big\{\sum_{q=1}^{M}\alpha_q x_0^q \mid \alpha_q \in R, \alpha_q \geq 0, \sum_{q=1}^{M}\alpha_q = 1\Big\}.$$

多智能体系统包含控制的目标是设计分布式控制协议 $u_i(k)$, $\forall i$, 使所有跟随者的状态通过利用跟随者自身及其邻居跟随者信息进行交互的方式,收敛到由领航者的状态形成的凸包中.

令 $\Xi = \{\varepsilon(k) = (\varepsilon_1(k), \cdots, \varepsilon_i(k), \cdots, \varepsilon_N(k))^T\}$ 表示领航者的状态张成的凸集,其中 $\varepsilon_i(k) \in \text{co}\{x_0^1(k), \cdots, x_0^M(k)\}$.

定义欧几里得距离函数为

$$d_{\Xi}(x(k)) = \frac{1}{2} \inf_{\varepsilon(k) \in \Xi} \|x(k) - \varepsilon(k)\|^2, \tag{2.3}$$

其中, $x(k) = (x_1^T(k), \cdots, x_N^T(k))^T \in \mathbb{R}^{Nn}$.

如果存在

$$\lim_{k \to \infty} d_{\Xi}(x(k)) = 0, \tag{2.4}$$

那么就表明实现了包含控制.

定义局部邻域包含误差为

$$e_i(k) = \sum_{j \in N_i} a_{ij}(x_i(k) - x_j(k)) + \sum_{q=1}^{M} g_i^q(x_i(k) - x_0^q(k)), \quad i = 1, \cdots, N. \tag{2.5}$$

第 2 章 模型无关线性多智能体系统包含控制方法

根据式(2.5),得到全局包含误差为

$$e(k) = (H \otimes I_n)x(k) - [(G(I_M \otimes 1_N)) \otimes I_n]x_0(k), \tag{2.6}$$

其中,$H = L + G(1_M \otimes I_N)$, $x_0(k) = [x_0^{1,T}(k), \cdots, x_0^{M,T}(k)]^T \in \mathbb{R}^{Mn}$, I_n 和 I_N 分别表示 n 维和 N 维单位矩阵,1_M、1_N 分别表示 M、N 维列向量,其中每个元素均为 1,$G = [G_1, \cdots, G_M] \in \mathbb{R}^{N \times NM}$,$\otimes$ 表示 Kronecker 积.

引理 2.1[151] 如果假设 2.1 成立,那么式(2.6)中 H 矩阵的特征值均具有正实部,并且满足 $H + H^T > 0$,且 $[H^{-1}G(I_M \otimes 1_N)] \otimes I_n$ 为具有非负元素的行随机矩阵,每行元素和为 1.

定理 2.1 考虑领导跟随多智能体系统(2.1)和(2.2). 如果假设 2.1 成立,并且 $\lim_{k \to \infty} e(k) = 0$,那么 $\lim_{k \to \infty} d_\Xi(x(k)) = 0$. 即,如果每个跟随者对应的局部邻域包含误差趋于零,那么就可以实现多智能体系统的包含控制.

证明:从引理 2.1 可知,矩阵 $(H \otimes I_n)$ 的逆矩阵 $(H \otimes I_n)^{-1}$ 存在. 那么式(2.6)可以转换为

$$(H \otimes I_n)^{-1} e(k) = x(k) - [(H^{-1}G(I_M \otimes 1_N)) \otimes I_n]x_0(k). \tag{2.7}$$

由于 $(H^{-1}G(I_M \otimes 1_N)) \otimes I_n$ 为行随机矩阵,因此 $[(H^{-1}G(I_M \otimes 1_N)) \otimes I_n]x_0(k)$ 可以看作由领航者状态形成的凸集. 即,

$$[(H^{-1}G(I_M \otimes 1_N)) \otimes I_n]x_0(k) \in \text{co}\{x_0^1(k), \cdots, x_0^M(k)\}.$$

当 $\lim_{k \to \infty} e(k) = 0$ 时,可以得到 $x(k) = [H^{-1}G(I_M \otimes 1_N)] \otimes I_n x_0(k)$. 因此,所有跟随者的状态都进入了由领航者状态形成的凸集中. 也就是说,$\lim_{k \to \infty} d_\Xi(x(k)) = 0$.
证毕.

结合式(2.1),式(2.2)以及式(2.5),得到关于局部邻域包含误差的动态方程如下:

$$\begin{aligned} e_i(k+1) &\equiv f_i(e_i(k), u_i(k), u_{(j)}(k)) \\ &= A e_i(k) + d_i B_i u_i(k) + \sum_{q=1}^M g_i^q B_i u_i(k) - \sum_{j \in N_i} a_{ij} B_j u_j(k), \end{aligned} \tag{2.8}$$

其中,$u_{(j)}(k)$ 表示由跟随者 i 的邻居跟随者的控制输入 $\{u_j | j \in N_i\}$ 组成的集合.

如果假设 2.1 成立,由定理 2.1 可知,如果局部邻域包含误差动态系统(2.8)是渐近稳定的,则多智能体系统可以实现包含控制. 因此,包含控制目标转换为针对每个跟随者设计控制策略以保证局部邻域包含误差动态系统(2.8)渐近稳定. 而系统(2.8)为跟随者 i 及其邻居跟随者的控制输入驱动的相互作用的动态系统,在这个系统中,跟随者 i 与其邻居跟随者相互作用. 系统(2.8)成为一个复杂的非自治动态系统,

这使得包含控制器的设计非常困难. 为了解决这一问题, 下面将提出一种利用 ADHDP 的最优包含控制方法来实现多智能体系统的包含控制.

2.3 多智能体系统最优包含控制

本节通过最小化预先定义的考虑各个跟随者能量消耗的局部性能指标函数, 设计了一种最优分布式包含控制协议, 以最优的方式使局部邻域包含误差动态系统(2.8)渐近稳定.

2.3.1 包含控制性能指标

定义每个跟随者的局部性能指标函数为

$$J_i(e_i(k), u_i(k), u_{(j)}(k)) = \sum_{t=k}^{\infty} r_i(e_i(t), u_i(t), u_{(j)}(t)) \\ = r_i(e_i(k), u_i(k), u_{(j)}(k)) + J_i(e_i(k+1), u_i(k+1), u_{(j)}(k+1)), \quad (2.9)$$

其中, $r_i(e_i(k), u_i(k), u_{(j)}(k)) = e_i^T(k)Q_{ii}e_i(k) + u_i^T(k)R_{ii}u_i(k) + \sum_{j \in N_i} u_{(j)}^T(k)R_{ij}u_{(j)}(k)$, 所有的权值矩阵为时不变的, 且满足 $Q_{ii} > 0$, $R_{ii} > 0$, $R_{ij} \geqslant 0$.

由式(2.9)可知, 每个跟随者的局部性能指标函数由跟踪者的包含控制误差和跟随者及其邻居跟随者的控制输入决定. 结合局部性能指标函数, 最优包含控制问题可以转换为如何设计分布式控制协议不仅保证局部邻域包含误差动态系统(2.8)渐近稳定, 也需保证局部性能指标函数(2.9)有界.

对于最优控制问题, 设计的控制策略需要稳定控制系统, 同时, 也需保证性能指标函数是有界的, 即控制策略必须是容许控制策略[172].

容许控制的定义如下:

定义 2.2(容许控制)[152] 每个跟随者 i 的控制策略 u_i 被定义为容许的, 如果 u_i 满足: ① u_i 在包含误差状态空间 E_i 中是连续的; ② 如果 $e_i(k) = 0$, 那么 $u_i(k) = 0$; ③ u_i 能够使局部邻域包含误差的动态系统(2.8)稳定并且保证对应的局部性能指标函数(2.9)有界.

在跟随者 i 及其邻居跟随者的容许控制下, 定义跟随者 i 的值函数为

$$V_i(e_i(k)) = \sum_{t=k}^{\infty} r_i(e_i(t), u_i(t), u_{(j)}(t)) \\ = r_i(e_i(k), u_i(k), u_{(j)}(k)) + V_i(e_i(k+1)). \quad (2.10)$$

对值函数 $V_i(e_i(k+1))$ 沿着局部邻域包含误差 $e_i(k+1)$ 的轨迹对时间步长 k 求导，得到如下的离散时间 HJB 方程：

$$\begin{aligned}&H_i(e_i(k), \nabla V_i(e_i(k+1)), u_i(k), u_{(j)}(k))\\&= e_i^{\mathrm{T}}(k)Q_{ii}e_i(k) + u_i^{\mathrm{T}}(k)R_{ii}u_i(k) + \sum_{j \in N_i} u_{(j)}^{\mathrm{T}}(k)R_{ij}u_{(j)}(k)\\&\quad + \nabla V_i(e_i(k+1))^{\mathrm{T}}(e_i(k+1)) = 0,\end{aligned} \quad (2.11)$$

其中，$V_i(0) = 0$，$\nabla V_i(e_i(k+1)) = \partial V_i(e_i(k+1))/\partial e_i(k+1)$。

与文献[72]中局部一致性误差的动态方程相比，局部邻域包含误差受多个领航者的影响，使得局部邻域包含误差的动态方程中包含 $\sum_{q=1}^{M} g_i^q$。然而，$\sum_{q=1}^{M} g_i^q$ 仅表示标量。根据文献[72]，可以得到最优值函数 $V_i^*(e_i(k+1))$ 满足以下耦合的离散时间 HJB 方程：

$$\begin{aligned}&H_i(e_i(k), \nabla V_i(e_i(k+1)), u_i^*(k), u_{(j)}^*(k))\\&= e_i^{\mathrm{T}}(k)Q_{ii}e_i(k) + u_i^{*\mathrm{T}}(k)R_{ii}u_i^*(k) + \sum_{j \in N_i} u_{(j)}^{*\mathrm{T}}(k)R_{ij}u_{(j)}^*(k)\\&\quad + \nabla V_i^*(e_i(k+1))^{\mathrm{T}}(e_i(k+1)) = 0,\end{aligned} \quad (2.12)$$

其中，式(2.12)初始条件给定为 $V_i^*(0) = 0$，且最优一致性控制策略 $u_i^*(k)$ 满足

$$u_i^*(k) = -\frac{1}{2}\left(d_i + \sum_{q=1}^{M} g_i^q\right) R_{ii}^{-1} B_i^{\mathrm{T}} \nabla V_i^*(e_i(k+1)). \quad (2.13)$$

将式(2.13)代入式(2.12)，离散时间 HJB 方程转换为

$$\begin{aligned}V_i^*(e_i(k)) &= V_i^*(e_i(k+1)) + e_i^{\mathrm{T}}(k)Q_{ii}e_i(k)\\&\quad + \frac{1}{4}S_i^2 \nabla V_i^*(e_i(k+1))^{\mathrm{T}} B_i^{\mathrm{T}} R_{ii}^{-1} B_i^{\mathrm{T}} \nabla V_i^*(e_i(k+1))\\&\quad + \frac{1}{4}\sum_{j \in N_i} S_i^2 \nabla V_j^*(e_j(k+1))^{\mathrm{T}} B_j R_{jj}^{-1} R_{ij} R_{jj}^{-1} B_j^{\mathrm{T}} \nabla V_j^*(e_j(k+1)),\end{aligned} \quad (2.14)$$

其中，$S_i = d_i + \sum_{q=1}^{M} g_i^q$。

由式(2.14)可知，要获得最优包含控制策略，需要知道每个跟随者系统的控制系数矩阵 B_i。但是，系统的模型信息 B_i 在实际应用中是难以得到的。为了克服 B_i 必须已知的困难，通常采用系统辨识的方法获得系统的近似模型，然后通过近似模型得到 B_i 的近似值。但系统辨识可能会引入辨识误差，这些误差会影响 ADP 方法的性能。因此，2.4 节将引入一种无须模型信息且不依赖系统辨识的方法，即 ADHDP 算法，来实现无模型的最优包含控制。

2.3.2 纳什均衡和稳定性分析

纳什均衡是研究多智能体系统需要考虑的问题之一. 下面将证明通过求解 N 个耦合的离散时间 HJB 方程获得的有关每个跟随者的最优包含控制策略即为纳什均衡解. 首先给出全局纳什均衡的定义如下:

定义 2.3(全局纳什均衡)[89] 由控制策略组成的 N 元组 $\{u_1^*, u_2^*, \cdots, u_N^*\}$ 被称为全局纳什均衡解, 如果存在

$$J_i^* \triangleq J_i(u_1^*, \cdots, u_i^*, \cdots, u_N^*) \leqslant J_i(u_1^*, \cdots, u_i, \cdots, u_N^*)(u_i \neq u_i^*),\tag{2.15}$$

其中, J_i 在式(2.9)中进行了定义. 另外, 局部性能指标函数 N 元组 $\{J_1^*, J_2^*, \cdots, J_N^*\}$ 被称为 N 人博弈的全局纳什均衡.

下面的定理表明, 如果所有的跟随者都通过式(2.13)选择自己的最优包含控制策略, 那么局部包含误差动态系统(2.8)是渐近稳定的, 并且在假设 2.1 成立的条件下可以实现包含控制. 此外, 所有的跟随者实现纳什均衡.

定理 2.2 如果假设 2.1 成立. 令每个跟随者的最优值函数 $V_i^*(e_i(k))$ 满足式(2.12), 最优包含控制策略 $u_i^*(k)$ 满足式(2.13). 那么局部包含误差动态系统(2.8)是渐近稳定的, 且性能指标函数满足 $J_i^*(e_i(k), u_i^*(k), u_{(j)}^*(k)) = V_i^*(e_i(k))$. 在这种情况下, 所有的跟随者实现纳什均衡.

证明: 多智能体系统包含控制是多智能体系统领导跟随一致性控制的一种特殊情况. 在包含控制中, 局部包含误差受多个领航者的影响, 而一致性控制中仅受到一个领航者的影响. 与文献[72]中的局部一致性误差相比, 局部包含误差中包含一个额外的标量项 $\sum_{q=1}^{M} g_i^q$. 因此, 最优控制策略 $u_i^*(k)$ 和最优值函数 $V_i^*(e_i(k))$ 与文献[72]中对应的最优控制策略同最优值函数相似. 根据文献[72]中的定理 4 可知, 定理 2.2 成立.

证毕.

通过求解耦合的离散时间 HJB 方程(2.14), 可以得到最优包含控制策略, 并且可以实现纳什均衡. 然而, 在系统模型未知的情况下, 要得到这些耦合的离散时间 HJB 方程的解析解是非常困难的, 甚至是不可能的. 下一节将讨论如何在系统动态特性未知的情况下通过迭代计算的方式逼近得到耦合的离散时间 HJB 方程的近似解, 即最优值函数 $V_i^*(e_i(k))$ 和最优包含控制策略 $u_i^*(k)$.

2.4 基于值迭代的数据驱动 ADHDP 算法

在已知每个跟随者控制系数矩阵 B_i 的前提下，采用 ADP 方法可以得到耦合的离散时间 HJB 方程(2.12)的近似解. 然而，系统的模型信息难以获取导致控制系数矩阵未知. 因此，ADP 方法不能直接使用. 本节提出了一种利用值迭代实现无模型最优包含控制的 ADHDP 算法，该算法不需要已知系统的控制系数矩阵信息.

2.4.1 基于局部 Q 函数的值迭代算法

对于每个跟随者，定义如下的局部 Q 函数：

$$Q_i(e_i(k), u_i(k), u_{(j)}(k)) = r_i(e_i(k), u_i(k), u_{(j)}(k)) + V_i(e_i(k+1)). \tag{2.16}$$

给定控制策略下，可以得到

$$Q_i(e_i(k), u_i(k), u_{(j)}(k)) = V_i(e_i(k)). \tag{2.17}$$

结合式(2.16)和式(2.17)，得到

$$Q_i(e_i(k), u_i(k), u_{(j)}(k)) = r_i(e_i(k), u_i(k), u_{(j)}(k)) \\ + Q_i(e_i(k+1), u_i(k+1), u_{(j)}(k+1)). \tag{2.18}$$

最优局部 Q 函数满足如下 Bellman 最优方程：

$$Q_i^*(e_i(k), u_i(k), u_{(j)}(k)) = r_i(e_i(k), u_i(k), u_{(j)}(k)) \\ + \min_{u_i(k) \in \mathbb{A}_i} Q_i^*(e_i(k+1), u_i(k+1), u_{(j)}(k+1)), \tag{2.19}$$

其中，$\mathbb{A}_i$ 表示跟随者 i 对应的动作空间.

最优控制策略可以通过最小化最优局部 Q 函数得到：

$$u_i^*(k) = \arg \min_{u_i(k) \in \mathbb{A}_i} Q_i^*(e_i(k), u_i(k), u_{(j)}(k)). \tag{2.20}$$

由于局部 Q 函数依赖误差状态和跟随者的控制输入，在求取最优控制策略时不用涉及系统的控制系统矩阵 B_i. 为得到最优局部 Q 函数和最优控制策略，采用数据驱动的方式进行迭代求解. 采用 Q 学习[156]的思想，得到如下迭代关系：

$$Q_i^{l+1}(e_i(k), u_i(k), u_{(j)}(k)) = r_i(e_i(k), u_i(k), u_{(j)}(k)) \\ + \min_{u_i(k) \in \mathbb{A}_i} Q_i^l(e_i(k+1), u_i(k+1), u_{(j)}(k+1)), \tag{2.21}$$

其中，l 表示迭代次数.

式(2.21)可以分为策略改进和值函数更新两个过程，如算法 2.1 所示.

算法 2.1 基于局部 Q 函数的值迭代 ADHDP 算法

初始化：对所有跟随者给定任意的控制策略 $u_i^0(\cdot)$，且 $Q_i^0(e_i(k), u_i(k), u_{(j)}(k)) = 0$.

步骤一(策略改进)：通过求解如下方程进行策略改进：

$$u_i^l(k) = \arg\min_{u_i(k) \in \mathbf{A}_i} Q_i^l(e_i(k), u_i(k), u_{(j)}(k)). \tag{2.22}$$

步骤二(局部 Q 函数更新)：利用迭代控制策略 $u_i^l(k)$ 更新局部 Q 函数：

$$\begin{aligned}Q_i^{l+1}(e_i(k), u_i(k), u_{(j)}(k)) &= r_i(e_i(k), u_i(k), u_{(j)}(k)) \\ &+ Q_i^l(e_i(k+1), u_i^l(k+1), u_{(j)}^l(k+1)).\end{aligned} \tag{2.23}$$

如果对于每个跟随者满足 $\|Q_i^{l+1}(e_i(k), u_i(k), u_{(j)}(k)) - Q_i^l(e_i(k), u_i(k), u_{(j)}(k))\| \leq \varepsilon$（$\varepsilon$ 为足够小的正数），那么迭代过程停止；否则，重复步骤一和步骤二.

策略改进(2.22)和局部 Q 函数更新(2.23)组成了基于局部 Q 函数的值迭代 ADHDP 方法. 下一小节将会证明按算法 2.1 进行更新得到的局部 Q 函数为单调非减序列，并且会最终收敛到最优局部 Q 函数.

2.4.2 局部 Q 函数值迭代算法的收敛性分析

本小节对基于局部 Q 函数的值迭代算法 2.1 的收敛性进行了分析. 首先，分析了局部 Q 函数序列的单调性；然后，利用局部 Q 函数的单调性对算法的收敛性进行了讨论.

引理 2.2 定义 $\bar{\sigma}(R_{jj}^{-1}R_{ij})$ 为 $R_{jj}^{-1}R_{ij}$ 的最大奇异值. 假定 $\bar{\sigma}(R_{jj}^{-1}R_{ij})$ 较小，并且对所有跟随者给定 $Q_i^0(e_i(k), u_i(k), u_{(j)}(k)) = 0$. 通过式(2.22)和式(2.23)迭代计算 $u_i^l(k)$ 和 $Q_i^l(e_i(k), u_i(k), u_{(j)}(k))$. 那么，下列不等式成立：

$$Q_i^{l+1}(e_i(k), u_i(k), u_{(j)}(k)) \geq Q_i^l(e_i(k), u_i(k), u_{(j)}(k)).$$

证明：令 μ_i^l 和 $\mu_{(j)}^l$ 分别为跟随者 i 和其邻居跟随者的控制策略. 定义关于 μ_i^l 和 $\mu_{(j)}^l$ 的局部 Q 函数如下：

$$\begin{aligned}\vartheta_i^{l+1}(e_i(k), u_i(k), u_{(j)}(k)) &= r_i(e_i(k), u_i(k), u_{(j)}(k)) \\ &+ \vartheta_i^l(e_i(k+1), \mu_i^l(k+1), \mu_{(j)}^l(k+1)),\end{aligned}$$

$$\tag{2.24}$$

其中，$\vartheta_i^0(e_i(k), u_i(k), u_{(j)}(k)) = 0$。

根据式(2.18)可得

$$\vartheta_i^{l+1}(e_i(k), \mu_i^l(k), \mu_{(j)}^l(k)) = r_i(e_i(k), \mu_i^l(k), \mu_i^l(k)) \\ + \vartheta_i^l(e_i(k+1), \mu_i^l(k+1), \mu_{(j)}^l(k+1)),$$
(2.25)

$$Q_i^{l+1}(e_i(k), u_i^l(k), u_{(j)}^l(k)) = r_i(e_i(k), u_i^l(k), u_i^l(k)) \\ + Q_i^l(e_i(k+1), u_i^l(k+1), u_{(j)}^l(k+1)),$$
(2.26)

将式(2.25)与式(2.26)相减，得到

$$\vartheta_i^{l+1}(e_i(k), \mu_i^l(k), \mu_{(j)}^l(k)) = Q_i^{l+1}(e_i(k), u_i^l(k), u_{(j)}^l(k)) \\ + \vartheta_i^l(e_i(k+1), \mu_i^l(k+1), \mu_{(j)}^l(k+1)) \\ + r_i(e_i(k), \mu_i^l(k), \mu_{(j)}^l(k)) \\ - Q_i^l(e_i(k+1), u_i^l(k+1), u_{(j)}^l(k+1)) \\ - r_i(e_i(k), u_i^l(k), u_{(j)}^l(k)),$$
(2.27)

结合 $r_i(\cdot)$ 的定义，式(2.27)可以转换为

$$\vartheta_i^{l+1}(e_i(k), \mu_i^l(k), \mu_{(j)}^l(k)) = 2 \sum_{j \in N_i} (\mu_j^l(k) - u_j^l(k))^T R_{ij} u_j^l(k) \\ + \sum_{j \in N_i} (\mu_j^l(k) - u_j^l(k))^T R_{ij} (\mu_j^l(k) - u_j^l(k)) \\ + Q_i^{l+1}(e_i(k), u_i^l(k), u_{(j)}^l(k)) \\ + \vartheta_i^l(e_i(k+1), \mu_i^l(k+1), \mu_{(j)}^l(k+1)) + \mu_i^{l,T}(k) R_{ii} \mu_i^l(k) \\ - Q_i^l(e_i(k+1), u_i^l(k+1), u_{(j)}^l(k+1)) - u_i^{l,T}(k) R_{ii} u_i^l(k).$$
(2.28)

考虑式(2.28)右边最后四项。根据式(2.22)和式(2.23)可知，控制策略 u_i^l 通过最小化局部 Q 函数 $Q_i(e_i(k), u_i(k), u_{(j)}(k))$ 得到，而 $\vartheta_i(e_i(k), u_i(k), u_{(j)}(k))$ 中并不包含策略改进这一步。因此，下列不等式成立：

$$\vartheta_i^l(e_i(k+1), \mu_i^l(k+1), \mu_{(j)}^l(k+1)) + \mu_i^{l,T}(k) R_{ii} \mu_i^l(k) \\ - Q_i^l(e_i(k+1), u_i^l(k+1), u_{(j)}^l(k+1)) - u_i^{l,T}(k) R_{ii} u_i^l(k) \geq 0.$$
(2.29)

考虑等式(2.28)右边前两项，如果下式成立：

$$\sum_{j\in N_i}(\mu_j^l(k)-u_j^l(k))^{\mathrm{T}}R_{ij}(\mu_j^l(k)-u_j^l(k))\geqslant 2\sum_{j\in N_i}(u_j^l(k)-\mu_j^l(k))^{\mathrm{T}}R_{ij}u_j^l(k),$$

(2.30)

结合式（2.29），可以得到 $\vartheta_i^{l+1}(e_i(k),\mu_i^l(k),\mu_{(j)}^l(k))\geqslant Q_i^{l+1}(e_i(k),u_i^l(k),u_{(j)}^l(k))$.

考虑最优控制策略(2.13)，得到

$$u_j^l(k)=-\frac{1}{2}\Big(d_j+\sum_{q=1}^M g_j^q\Big)R_{jj}^{-1}B_j^{\mathrm{T}}\nabla V_j^l(e_j(k+1)).$$

(2.31)

将式(2.31)代入式(2.30)，得到

$$\sum_{j\in N_i}\Delta u_j^{\mathrm{T}}(k)R_{ij}\Delta u_j(k)\geqslant \sum_{j\in N_i}\Delta u_j^{\mathrm{T}}(k)\Big(d_j+\sum_{q=1}^M g_j^q\Big)R_{ij}R_{jj}^{-1}B_j^{\mathrm{T}}(x_j(k))\nabla V_j^l(e_j(k+1)),$$

(2.32)

其中，$\Delta u_j(k)=\mu_j^l(k)-u_j^l(k)$.

结合范数的性质，式(2.32)转换为

$$\sum_{j\in N_i}\underline{\sigma}(R_{ij})\|\Delta u_j(k)\|\geqslant \sum_{j\in N_i}\overline{\sigma}(R_{ij}R_{jj}^{-1})\|B_j\|\Big(d_j+\sum_{q=1}^M g_j^q\Big)\|\nabla V_j^l(e_j(k+1))\|,$$

(2.33)

其中，$\underline{\sigma}(R_{ij})$ 表示 R_{ij} 的最小奇异值.

如果 $\overline{\sigma}(R_{ij}R_{jj}^{-1})$ 较小，则可以保证式(2.33)成立. 进而可以得到

$$\vartheta_i^{l+1}(e_i(k),\mu_i^l(k),\mu_{(j)}^l(k))\geqslant Q_i^{l+1}(e_i(k),u_i^l(k),u_{(j)}^l(k)),$$

(2.34)

由于存在 $Q_i^0(e_i(k),u_i(k),u_{(j)}(k))=\vartheta_i^0(e_i(k),u_i(k),u_{(j)}(k))=0$，结合式(2.34)以及局部 Q 函数的定义，运用数学归纳法可以得到，对于任意的 l，下列不等式成立：

$$\vartheta_i^l(e_i(k),u_i(k),u_{(j)}(k))\geqslant Q_i^l(e_i(k),u_i(k),u_{(j)}(k)),$$

(2.35)

假设 $\mu_i^{l-1}=u_i^l$，$\mu_{(j)}^{l-1}=u_{(j)}^l$，根据式(2.24)可得

$$\begin{aligned}\vartheta_i^l(e_i(k),u_i(k),u_{(j)}(k))=&r_i(e_i(k),u_i(k),u_{(j)}(k))\\&+\vartheta_i^{l-1}(e_i(k+1),u_i^l(k+1),u_{(j)}^l(k+1)),\end{aligned}$$

(2.36)

由于存在 $Q_i^0(e_i(k),u_i(k),u_{(j)}(k))=\vartheta_i^0(e_i(k),u_i(k),u_{(j)}(k))=0$，结合式(2.23)和式(2.36)以及 $r_i(\cdot)$ 的定义可以得到

$$Q_i^1(e_i(k),u_i(k),u_{(j)}(k))\geqslant \vartheta_i^0(e_i(k),u_i(k),u_{(j)}(k)),$$

(2.37)

假设 $Q_i^l(e_i(k),u_i(k),u_{(j)}(k))\geqslant \vartheta_i^{l-1}(e_i(k),u_i(k),u_{(j)}(k))$ 成立，则有

$$Q_i^l(e_i(k), u_i^l(k), u_{(j)}^l(k)) \geq \vartheta_i^{l-1}(e_i(k), u_i^l(k), u_{(j)}^l(k)), \tag{2.38}$$

根据式(2.23)、式(2.36)及式(2.38)可知,下面不等式成立:

$$\begin{aligned}&Q_i^{l+1}(e_i(k), u_i(k), u_{(j)}(k)) - \vartheta_i^l(e_i(k), u_i(k), u_{(j)}(k)) \\ &= [Q_i^l(e_i(k+1), u_i^l(k+1), u_{(j)}^l(k+1)) \\ &\quad - \vartheta_i^{l-1}(e_i(k+1), u_i^l(k+1), u_{(j)}^l(k+1))] \geq 0.\end{aligned} \tag{2.39}$$

结合式(2.38)和式(2.39)可知,下列不等式成立:

$$Q_i^{l+1}(e_i(k), u_i(k), u_{(j)}(k)) \geq \vartheta_i^l(e_i(k), u_i(k), u_{(j)}(k)). \tag{2.40}$$

由式(2.35)和式(2.40)可知,当 $\bar{\sigma}(R_{ij}R_{jj}^{-1})$ 较小时,存在

$$Q_i^{l+1}(e_i(k), u_i(k), u_{(j)}(k)) \geq Q_i^l(e_i(k), u_i(k), u_{(j)}(k)). \tag{2.41}$$

即,$\{Q_i^l(e_i(k), u_i(k), u_{(j)}(k))\}_{l=0}^{\infty}$ 为单调非递减序列.

证毕.

定理 2.3 假设 $\bar{\sigma}(R_{ij}R_{jj}^{-1})$ 较小.如果所有跟随者利用算法 2.1 同时进行值函数和策略的更新,那么当 $l \to \infty$ 时,$Q_i^l(e_i(k), u_i(k), u_{(j)}(k))$ 和 u_i^l 均会收敛到最优值 $Q_i^*(e_i(k), u_i(k), u_{(j)}(k))$ 和 u_i^*.

证明: 假设 μ_i^l 和 $\mu_{(j)}^l$ 分别为跟随者 i 和其邻居跟随者的容许控制策略,根据局部 Q 函数的定义(2.16)以及容许控制的定义可知,存在上界 $\bar{U}_i$,对任意的 l,下列不等式成立:

$$\vartheta_i^l(e_i(k), u_i(k), u_{(j)}(k)) \leq \bar{U}_i. \tag{2.42}$$

结合式(2.35)和式(2.42)可知,对任意的 l,存在

$$Q_i^l(e_i(k), u_i(k), u_{(j)}(k)) \leq \bar{U}_i. \tag{2.43}$$

由引理 2.2 可知,$\{Q_i^l(e_i(k), u_i(k), u_{(j)}(k))\}_{l=0}^{\infty}$ 为单调非递减序列.由式(2.43)可知,$Q_i^l(e_i(k), u_i(k), u_{(j)}(k))$ 存在上界 $\bar{U}_i$.因此,可以得到 $Q_i^l(e_i(k), u_i(k), u_{(j)}(k))$ 将会收敛到最优局部 Q 值函数 $Q_i^*(e_i(k), u_i(k), u_{(j)}(k))$.当局部 Q 值函数为最优值时,控制策略也为最优策略.

证毕.

注释 2.1 需要注意的是,当跟随者 i 执行值迭代算法时,所有其他的跟随者都会利用跟随者间的数据交互来执行值迭代算法更新它们的策略.当值迭代算法收敛时,所有跟随者的局部 Q 函数和控制策略均收敛到最优值.由式(2.17)可知,得到的最优值即为耦合离散时间 HJB 方程(2.12)的解.结合定理 2.2 知,如果值迭代算法收敛,则多智能体系统实现了包含控制并且所有智能体满足纳什均衡.

2.5 模型无关最优包含控制

根据算法 2.1，本节提出了基于多项式回归的评价-执行网络结构，采用值迭代的方式逼近求解耦合的离散时间 HJB 方程(2.14)．每个跟随者 i 都有对应的评价-执行网络来执行策略改进(2.22)和局部 Q 函数更新(2.23)．评价-执行网络权值的更新仅依赖于跟随者间的信息交互，不涉及任何系统模型信息．

2.5.1 评价-执行网络设计

评价网络 $\hat{Q}_i(\cdot|W_{ci})$ 用来逼近局部 Q 函数 $Q_i(e_i(k), u_i(k), u_{(j)}(k))$，而执行网络 $\hat{u}_i(\cdot|W_{ai})$ 用来逼近控制策略 u_i，即

$$\hat{Q}_i(z_i(k), W_{ci}) = W_{ci}^{\mathrm{T}}\phi_i(z_i(k)), \tag{2.44}$$

$$\hat{u}_i(e_i(k), W_{ai}) = W_{ai}^{\mathrm{T}}\varphi_i(e_i(k)), \tag{2.45}$$

其中，$z_i(k)=(e_i^{\mathrm{T}}(k), u_i^{\mathrm{T}}(k), u_{(j)}^{\mathrm{T}}(k))^{\mathrm{T}}$，$W_{ci}$ 和 W_{ai} 分别表示评价网络和执行网络的权值向量，$\phi_i(\cdot)$ 和 $\varphi_i(\cdot)$ 表示激活函数．

根据文献[93]可知，局部 Q 函数可以表示为 $e_i(k)$，$u_i(k)$ 以及 $u_{(j)}(k)$ 的二次型形式，而控制策略直接与 $e_i(k)$ 相关．因此，选择

$$\phi_i(z_i(k)) = [e_i^2(k), e_i(k)u_i(k), e_i(k)u_{(j)}(k), u_i^2(k), u_i(k)u_{(j)}(k), u_{(j)}^2(k)]^{\mathrm{T}},$$
$$\varphi_i(e_i(k)) = e_i(k).$$

定义评价网络的预测误差为

$$e_{ci}(k) = r_i(z_i(k)) + W_{ci}^{\mathrm{T}}\phi_i(z_i(k+1)) - W_{ci}^{\mathrm{T}}\phi_i(z_i(k)), \tag{2.46}$$

结合式(2.46)，定义评价网络的损失函数为

$$E_{ci}(k) = \frac{1}{2}e_{ci}(k)^{\mathrm{T}}e_{ci}(k). \tag{2.47}$$

采用梯度下降法更新评价网络的权值：

$$\begin{aligned}W_{ci}^{l+1} &= W_{ci}^l - \beta_{ci}\left[\frac{\partial E_{ci}(k)}{\partial w_{ci}^l}\right] \\ &= W_{ci}^l - \beta_{ci}\frac{\partial E_{ci}(k)}{\partial e_{ci}(k)}\frac{\partial e_{ci}(k)}{\partial W_{ci}^l} \\ &= W_{ci}^l - \beta_{ci}[r_i(z_i(k)) + \hat{Q}_i(z_i(k+1)) - \hat{Q}_i(z_i(k))]\phi_i(z_i(k)),\end{aligned} \tag{2.48}$$

其中，$\beta_{ci} > 0$ 表示学习率，l 为迭代次数．

执行网络的目的是最小化评价网络的输出．因此，定义执行网络损失函数为

$$E_{ai}(k) = \frac{1}{2}e_{ai}(k)^{\mathrm{T}}e_{ai}(k), \tag{2.49}$$

其中, $e_{ai}(k) = \hat{Q}_i(z_i(k))$.

执行网络权值的更新规则与评价网络类似, 具体形式如下:

$$\begin{aligned}
W_{ai}^{l+1} &= W_{ai}^l - \beta_{ai}\left[\frac{\partial E_{ai}(k)}{\partial W_{ai}^l}\right] \\
&= W_{ai}^l - \beta_{ai}\frac{\partial E_{ai}(k)}{\partial e_{ai}(k)}\frac{\partial e_{ai}(k)}{\partial \hat{Q}_i(z_i(k))}\frac{\partial \hat{Q}_i(z_i(k))}{\partial \hat{u}_i(k)}\frac{\partial \hat{u}_i(k)}{\partial W_{ai}^l} \\
&= W_{ai}^l - \beta_{ai}W_{ci}^{l\,\mathrm{T}}\phi_i(z_i(k))W_{ci}^l\phi_i'e_i^{\mathrm{T}}(k),
\end{aligned} \tag{2.50}$$

其中, $\beta_{ai} > 0$ 表示学习率, l 为迭代次数, $\phi_i' = \partial\phi_i(z_i(k))/\partial u_i(k)$.

2.5.2 评价-执行网络的在线调整

下面的算法 2.2 展示了使用可测的数据来进行评价-执行网络权值在线调整的过程. 算法 2.2 主要包括两个部分: 评价网络的更新和执行网络的更新. 其中, 基于多项式回归构建评价网络. 评价-执行网络权值均采用梯度下降法进行更新.

算法 2.2 基于局部 Q 函数的评价-执行网络算法的在线优化

Initialization($\forall i = \{1, 2, \cdots, N\}$, $\forall q = \{1, 2, \cdots, M\}$)

    $x_i(0)$, $x_0^q(0)$: 跟随者和领航者的初始状态

    W_{ci}^0: 初始的评价网络参数

    W_{ai}^0: 初始执行网络参数

    β_{ci}, β_{ai}: 评价网络和执行网络的学习率

    Q_{ii}, R_{ii}, R_{ij}: 正定矩阵

    ε: 阈值

End initialization

    令 $k = 0$, $l = 0$.

Repeat

    计算控制策略 $\hat{u}_i(k) \leftarrow (2.45)$

    计算 Q 函数 $\hat{Q}_i(z_i(k)) \leftarrow (2.44)$

    观测 $x_i(k+1)$ 和 $x_0^q(k+1)$

    计算下一时刻输出跟踪误差 $e_i(k+1) \leftarrow (2.5)$

续表

更新执行网络权值 $W_{ai}^{l+1} \leftarrow (2.50)$

计算下一时刻控制策略 $\hat{u}_i(k+1) \leftarrow (2.45)$

计算 Q 函数 $\hat{Q}_i(z_i(k+1)) \leftarrow (2.44)$

更新评价网络权值 $W_{ci}^{l+1} \leftarrow (2.48)$

Until $\left(\sum_{i=1}^{N} \|W_{ci}^{l+1} - W_{ci}^l\| / N \leq \varepsilon;\text{否则 } k = k+1, l = l+1\right)$

Return$(W_{ci}, W_{ai}, \forall i = 1, 2, \cdots, N)$

注释 2.2 上述算法 2.2 使用梯度下降法优化评价网络和执行网络的权值参数. 假设梯度下降算法在每次迭代时收敛,则表明算法 2.2 在每一步求解方程(2.22)和(2.23). 同时,定理 2.3 从理论上证明了算法 2.1 的收敛性,也即算法 2.2 的可行性. 下一节将用仿真结果表明所提出的算法的有效性.

2.6 仿真实验

本节给出了仿真实验,以验证所提方法的有效性. 考虑含有 3 个跟随者和 3 个领航者的离散时间多智能体系统,其通信拓扑图如图 2.1 所示. 在图 2.1 中,标注为 1,2,3 的为跟随者,标注为 L1,L2,L3 的为领航者.

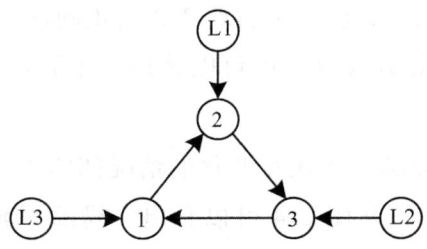

图 2.1 多智能体系统交互拓扑图

参考文献[72],设计跟随者和领航者的系统动态方程为

$$\begin{cases} x_0^q(k+1) = Ax_0^q(k), \\ x_i(k+1) = Ax_i(k) + B_i u_i(k), \end{cases} \quad (2.51)$$

其中，$A = \begin{bmatrix} 0.995 & 0.09983 \\ -0.09983 & 0.995 \end{bmatrix}$，$B_1 = \begin{bmatrix} 0 \\ 1 \end{bmatrix}$，$B_2 = \begin{bmatrix} 0 \\ 0.9 \end{bmatrix}$，$B_3 = \begin{bmatrix} 0 \\ 0.8 \end{bmatrix}$.

多智能体系统中，边的权重为 $a_{13} = a_{21} = a_{32} = 0.8$，牵引增益为 $g_2^1 = g_3^2 = g_1^3 = 1$，$g_1^1 = g_3^1 = g_1^2 = g_2^2 = g_2^3 = g_3^3 = 0$. 此时，对应的拉普拉斯矩阵为

$$L = \begin{bmatrix} 0.8 & 0 & -0.8 \\ -0.8 & 0.8 & 0 \\ 0 & -0.8 & 0.8 \end{bmatrix}.$$

效用函数的权重为 $Q_{11} = Q_{22} = Q_{33} = I_{2\times 2}$，$R_{11} = R_{22} = R_{33} = 3$，$R_{13} = R_{21} = R_{32} = 1$，$R_{12} = R_{23} = R_{31} = 0$. 执行网络的激活函数选择为 $\varphi_i(e_i) = (e_{i1}, e_{i2})^T$，评价网络的激活函数选择为

$$\phi_i(z_i) = (e_{i1}^2, e_{i1}e_{i2}, e_{i1}u_i, e_{i1}u_j, e_{i2}^2, e_{i2}u_i, e_{i2}u_j, u_i^2, u_iu_j, u_j^2)^T, \quad (2.52)$$

其中，$u_i(k)$ 和 $e_i(k)$ 被表示为 u_i 和 e_i，$e_i = (e_{i1}, e_{i2})^T$，u_j 表示邻居跟随者的控制输入.

由于初始值函数需要为 0，因此评价网络的初始权值均设置为 0，执行网络的初始权值在 (0, 1) 进行随机选择. 领航者的初始状态设置为 $x_0^1(1) = (0.043, 0.169)^T$，$x_0^2(1) = (0.6491, 0.7317)^T$，$x_0^3(1) = (0.6477, 0.4509)^T$. 评价-执行网络的学习率设置为 $\beta_{ci} = \beta_{ai} = 0.01$，$\forall i = 1, 2, 3$. 跟随者的初始状态在 (0, 1) 进行随机选择. 设置评价-执行网络停止更新的阈值 $\varepsilon = 10^{-5}$.

图 2.2 显示了学习过程中三个跟随者的初始状态和动作对应的局部 Q 函数的变化情况. 从图 2.2 可以看出，所有跟随者的局部 Q 函数在迭代学习过程中收敛. 同时，局部 Q 函数为单调非递减序列，也验证了引理 2.2 的正确性. 每个跟随者的评价-执行网络权值的变化如图 2.3 所示. 从图 2.3 中可以看到，评价-执行网络的权值在学习过程中收敛.

三个跟随者的包含误差随迭代次数变化的情况如图 2.4 所示，其中 e_{i1} 和 e_{i2} 分别是 e_i 的第一个和第二个元素. 从图 2.4 可以看出，局部邻域包含误差渐近收敛到零. 三个跟随者的控制 $u_i(k)$ 的轨迹如图 2.5 所示. 当迭代次数 $k = 0$，$k = 15$，$k = 35$ 以及 $k = 45$ 时，领航者和跟随者的状态轨迹如图 2.6 所示. 结果表明，随着迭代的进行，跟随者会向领航者形成的凸包中移动. 由图 2.4 和图 2.6 可知，经过约 45 次迭代，三个跟随者的局部邻域包含误差收敛为零，同时三个跟随者进入了领航者形成的凸包中. 图 2.4 和图 2.6 同时验证了定理 2.1 的正确性. 领航者与跟随者状态的二维平面示意图如图 2.7 所示，跟随者最终移动到领航者形成的凸包中，即实现了多智能体系统的包含控制.

2.6 仿真实验

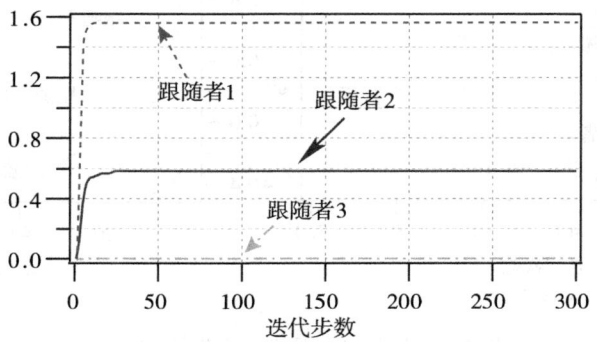

图 2.2 局部 Q 函数随迭代步数的变化情况

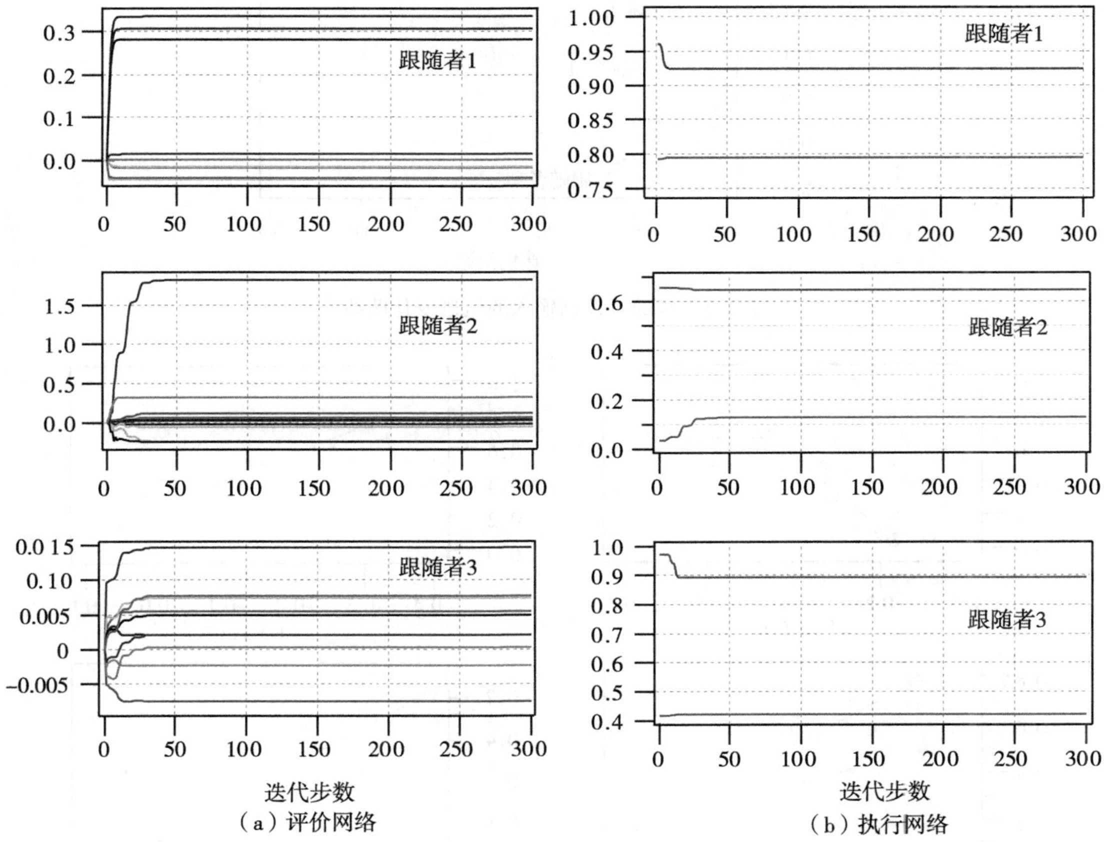

（a）评价网络 （b）执行网络

图 2.3 评价-执行网络权值的变化情况

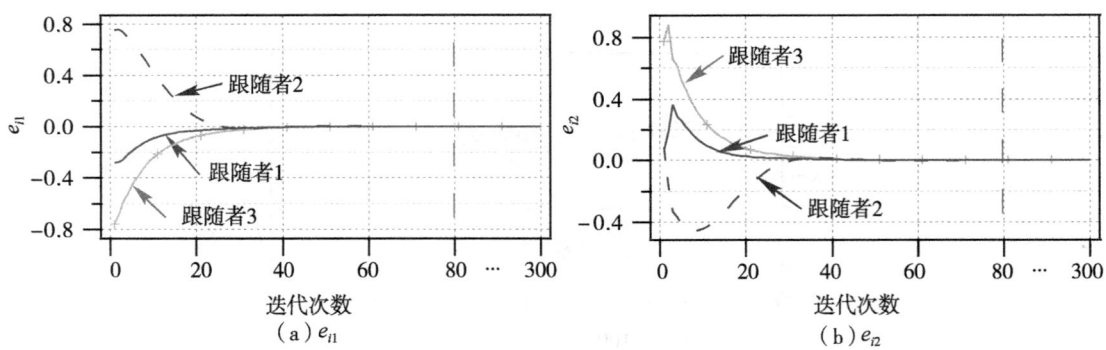

图 2.4 局部包含误差的动态变化情况

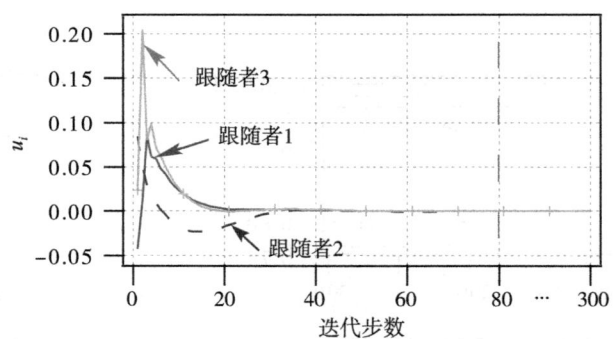

图 2.5 跟随者控制输入的轨迹变化曲线

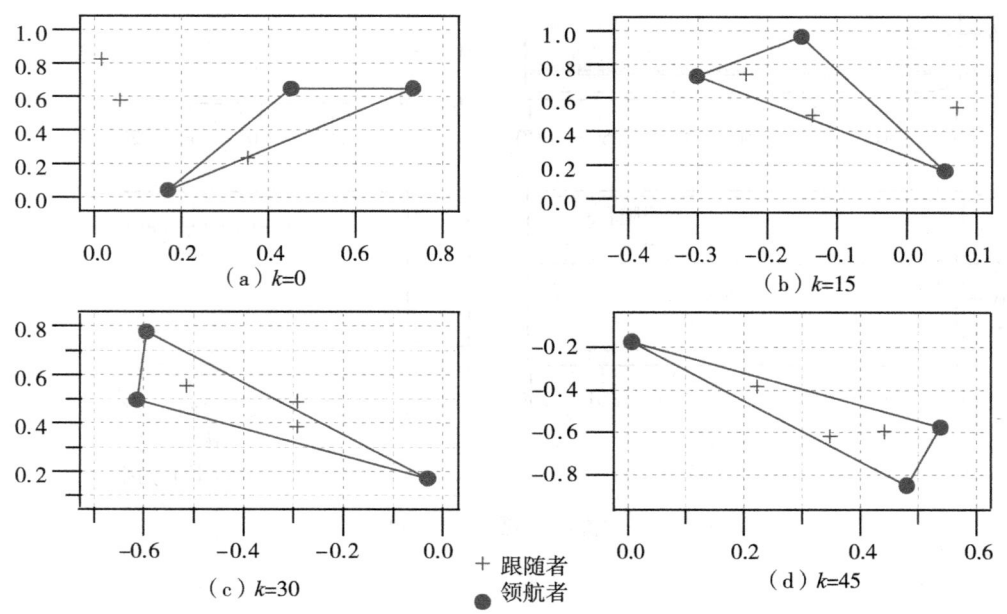

图 2.6 不同迭代次数下多智能体系统的状态轨迹

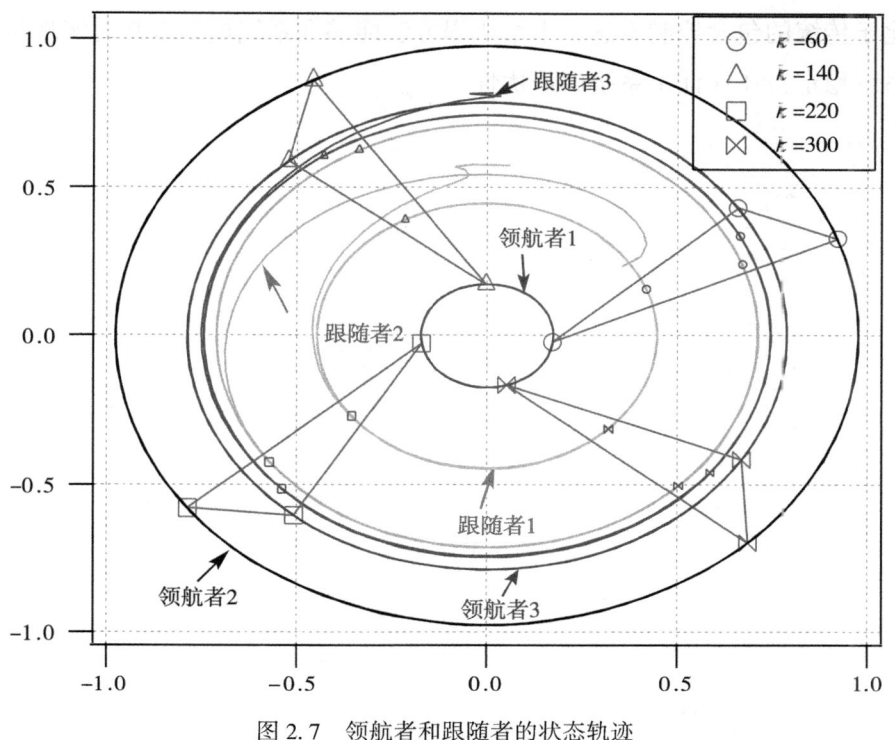

图 2.7 领航者和跟随者的状态轨迹

2.7 本 章 小 结

本章针对系统动态特性未知的离散时间线性多智能体系统的包含控制问题,提出了一种基于数据驱动的模型无关 ADHDP 方法. 该方法不仅在多智能体系统模型信息未知的情况下实现了包含控制,并且考虑了控制过程的能量消耗最小问题. 本章的主要研究内容总结如下:

(1)根据智能体间的交互拓扑关系,通过定义局部邻域包含误差,将最优包含控制问题转换为针对局部邻域包含误差的最优调节问题;

(2)引入了考虑局部邻域包含误差和跟随者控制输入以及邻居领航者控制输入的局部 Q 函数. 借助于局部 Q 函数,提出了采用值迭代的 ADHDP 方法. 为了执行所提的 ADHDP 方法,引入了基于多项式回归的评价-执行网络结构来逼近最优局部 Q 函数和最优包含控制策略;

(3)对所提的采用值迭代的 ADHDP 方法的收敛性进行了分析,证明了所提方法不仅可以实现包含控制，还可以保证全局纳什均衡.

相比于传统的包含控制方法，本章所提方法能够在系统模型未知时实现包含控制，可以使系统稳定，还保证了系统的最优性.

第3章　基于评价-执行网络的非线性多智能体系统最优一致性控制方法

3.1 引　　言

前一章考虑了具有多个领航者的离散时间线性多智能体系统的最优包含控制问题. 本章考虑更贴合实际应用环境的非线性多智能体系统, 并对最基本的多智能体系统领导-跟随一致性控制问题开展研究, 研究如何在系统模型未知的情况下实现非线性多智能体系统领导-跟随最优一致性控制.

近年来, 许多学者利用 ADP 方法来解决非线性多智能体系统的领导-跟随最优一致性控制问题[100-103]. 但是, 这些方法存在一些问题, 比如: ① 文献[100, 101]需要已知系统的模型信息; ②文献[103]需要进行系统辨识; ③文献[102]引入预补偿器的方式会增加状态空间的维度.

为规避以上问题, 本章结合 ADP 方法以及前一章定义的局部 Q 函数来实现离散时间非线性多智能体系统的最优一致性控制. 首先, 定义了依赖局部一致性误差和跟随者控制输入以及邻居领航者控制输入的局部性能指标函数. 通过最小化局部性能指标, 得到了关于每个跟随者的耦合 HJB 方程. 为了获取这些耦合 HJB 方程的近似解, 提出了一种基于局部 Q 函数的分布式策略迭代 ADP 方法, 并对该方法的收敛性进行了分析. 该方法的收敛不仅可以使所有的跟随者与领航者同步, 还可以达到全局纳什均衡. 与前一章提出的值迭代方法相比, 策略迭代方法可以保证每次迭代过程中得到的控制策略均为容许控制策略, 本章对这一优点从理论上进行了证明. 为了实现基于局部 Q 函数的 ADP 方法, 引入了基于神经网络的评价-执行网络框架. 其中, 评价和执行网络分别用来逼近最优局部 Q 函数和最优控制策略. 最后, 通过数值仿真实验对所提方法的有效性进行了验证.

3.2 预 备 知 识

本节介绍相关的图论知识, 用以描述包含一个领航者和 N 个跟随者的领导-跟随多智能体系统.

多智能体系统中跟随者之间的通信用一个有向加权图 $G = (V, \varepsilon, A)$ 描述. 有向图 G 由 N 个节点的非空有限集合 $V = \{v_1, \cdots, v_N\}$、有向边集 $\varepsilon \subseteq V \times V$ 以及一个相关的权重邻接矩阵 $A = [a_{ij}] \in \mathbb{R}^{N \times N}$ 组成. 权重邻接矩阵 A 中的元素 a_{ij} 表示边 v_{ij} 的权重, a_{ij} 均是非负实数. 如果 $v_{ij} = (v_j, v_i) \in \varepsilon$, 则有 $a_{ij} > 0$; 否则 $a_{ij} = 0$, 对于 $i = 1, 2, \cdots, N$, $a_{ii} = 0$. 有向图 G 的边表示为 $v_{ij} = (v_j, v_i) \in \varepsilon$, v_{ij} 表示智能体 i 可以获取到智能体 j 的信息. $\{(v_i, v_k), (v_k, v_l), \cdots, (v_m, v_n), (v_n, v_j)\}$ 表示从节点 v_i 到节点 v_j 的有向路径. 定义节点 v_i 的邻居集合为 $N_i = \{v_j : (v_j, v_i) \in \varepsilon\}$. 定义其入度矩阵为对角矩阵 $D = \text{diag}\{d_i\}$, 对角元素 $d_i = \sum_{j \in N_i} a_{ij}$. 图的拉普拉斯矩阵表示为 $L = D - A$.

本章考虑一组 $N+1$ 个智能体的多智能体系统, 包含一个领航者和 N 个跟随者. 领航者与跟随者 i 的牵引增益表示为 b_i. 如果跟随者 i 与领航者之间有通信边, 则 $b_i > 0$; 否则, $b_i = 0$. 如果领航者形成根节点满足存在从根节点到图中每个其他节点的有向路径, 则称 $N+1$ 个智能体组成多智能体系统的通信拓扑图包含生成树.

假设 3.1 多智能体系统的拓扑图中包含生成树, 并且领航者至少与一个跟随者存在通信关系.

3.3 问 题 描 述

考虑包含一个领航者和 N 个跟随者的离散时间领导-跟随多智能体系统. 跟随者的动态方程为

$$x_i(k+1) = f(x_i(k)) + g_i(x_i(k))u_i(k), \quad i = 1, \cdots, N, \tag{3.1}$$

其中, $x_i(k) \in \mathbb{R}^n$, $u_i(k) \in \mathbb{R}^{m_i}$, 分别表示跟随者 i 的系统状态和控制输入.

领航者的动态方程如下:

$$x_0(k+1) = f(x_0(k)), \tag{3.2}$$

其中, $x_0(k) \in \mathbb{R}^n$ 表示领航者的系统状态.

假设 3.2 $f(x_i(k)) \in \mathbb{R}^n$ 和 $g_i(x_i(k)) \in \mathbb{R}^{n \times m_i}$, $\forall i$ 是 Lipschitz 连续的, 并且是未知的.

定义局部一致性误差

$$e_i(k) = \sum_{j \in N_i} a_{ij}(x_i(k) - x_j(k)) + b_i(x_i(k) - x_0(k)), \tag{3.3}$$

其中, $e_i(k) \in \mathbb{R}^n$.

根据式(3.3), 得到整体一致性误差向量为

$$e(k) = ((L+B) \otimes I_n)x(k) - ((L+B) \otimes I_n)\underline{x}_0(k), \tag{3.4}$$

其中，$e(k) = [e_1^T(k), e_2^T(k), \cdots, e_N^T(k)]^T \in \mathbb{R}^{Nn}$，$\underline{x}_0(k) = [x_0^T(k), x_0^T(k), \cdots, x_0^T(k)]^T \in \mathbb{R}^{Nn}$，$\otimes$ 表示 Kronecher 积，$x(k) = [x_1^T(k), x_2^T(k), \cdots, x_N^T(k)]^T \in \mathbb{R}^{Nn}$，$B = \text{diag}\{b_i\} \in \mathbb{R}^{N \times N}$ 表示有关牵引增益的对角矩阵.

定义全局一致性误差向量为

$$\xi(k) = x(k) - \underline{x}_0(k). \tag{3.5}$$

结合式(3.4)和式(3.5)，可以得到

$$e(k) = ((L + B) \otimes I_n)\xi(k). \tag{3.6}$$

式(3.6)描述了整体一致性误差向量 $e(k)$ 与全局一致性误差 $\xi(k)$ 的关系. 下面的引理表明，通过减小局部一致性误差，可以使全局一致性误差向量变小.

引理 3.1[153]　如果 $(L + B)$ 是非奇异的，那么全局一致性误差受限于

$$\|\xi(k)\| \leq \frac{\|e(k)\|}{\lambda_{\min}(L + B)}, \tag{3.7}$$

式中，$\lambda_{\min}(L + B)$ 表示 $(L + B)$ 的最小奇异值.

如果多智能体系统的拓扑图中包含生成树，并且领航者至少与一个跟随者有通信边，那么 $(L + B)$ 是非奇异的[153]. 根据引理 3.1，可以得到，当 $\|e(k)\| \to 0$ 时，$\|\xi(k)\| \to 0$. 即，当局部邻域一致性误差收敛到 0 时，所有跟随者的状态将与领航者的状态达到一致. 因此，实现一致性控制的研究目标转换为如何设计控制器使定义的局部邻域一致性误差收敛到 0.

根据式(3.1)~式(3.3)，得到局部邻域一致性误差的动态方程为

$$\begin{aligned}
e_i(k+1) &= \sum_{j \in N_i} a_{ij}(x_i(k+1) - x_j(k+1)) + b_i(x_i(k+1) - x_0(k+1)) \\
&= \sum_{j \in N_i} a_{ij}(f(x_i(k)) - f(x_j(k))) + b_i(f(x_i(k)) - f(x_0(k))) \\
&\quad + (d_i + b_i)g_i(x_i(k))u_i(k) - \sum_{j \in N_i} a_{ij}g_j(x_j(k))u_j(k) \\
&= \sum_{j \in N_i} a_{ij}(f_{ei}(y_i(k)) - f_{ej}(y_j(k))) + b_i f_{ei}(y_i(k)) \\
&\quad + (d_i + b_i)g_i(x_i(k))u_i(k) - \sum_{j \in N_i} a_{ij}g_j(x_j(k))u_j(k),
\end{aligned} \tag{3.8}$$

其中，$f_{ei}(y_i(k)) = f(x_i(k)) - f(x_0(k))$，$f_{ej}(y_j(k)) = f(x_j(k)) - f(x_0(k))$.

这里所面临的问题是如何在多智能体系统动态方程(3.1)和(3.2)未知的情况下，设计一种最优控制方法实现对局部一致性误差动态系统(3.8)的最优控制. 与单智能体最优控制问题相比，系统(3.8)是局部耦合的. 一致性误差的动态系统(3.8)成为受跟随者 i 及其邻居跟随者的控制策略影响的非自治动态系统. 一般来说，很难设计非自治动态系统的最优控制器，尤其是当系统模型信息未知时.

为了实现最优一致性控制，定义局部性能指标函数为

$$J_i(e_i(k), u_i(k), u_{(j)}(k)) = \sum_{t=k}^{\infty} r_i(e_i(t), u_i(t), u_{(j)}(t)), \tag{3.9}$$

式(3.9)中效用函数定义为

$$r_i(e_i(k), u_i(k), u_{(j)}(k)) = e_i^{\mathrm{T}}(k)Q_{ii}e_i(k) + u_i^{\mathrm{T}}(k)R_{ii}u_i(k) + \sum_{j \in N_i} u_j^{\mathrm{T}}(k)R_{ij}u_j(k), \tag{3.10}$$

其中，$u_{(j)}(k)$ 表示由跟随者 i 的邻居智能体的控制输入 $\{u_j \mid j \in N_i\}$ 组成的集合，$Q_{ii} > 0$，$R_{ii} > 0$，$R_{ij} \geq 0$ 均为时不变对称权值矩阵.

注释 3.1 选择局部性能指标函数(3.9)是由于每个跟随者 i 局部邻域一致性误差的动态方程不仅受其控制策略的影响，还受其邻居跟随者控制策略的影响，如式(3.8)所示. 因此，有向图中的邻居跟随者的行为应该受到惩罚.

结合定义的局部性能指标函数(3.9)，最优一致性控制问题转化为设计最优分布式控制律，不仅使所有跟随者与领航者实现一致，而且使所有跟随者的局部性能指标函数(3.9)最小.

对每个跟随者 i 给定容许控制 u_i，定义关于每个跟随者 i 的局部值函数为

$$V_i(e_i(k)) = \sum_{t=k}^{\infty} r_i(e_i(t), u_i(t), u_{(j)}(t)). \tag{3.11}$$

哈密尔顿(Hamiltonian)函数 $H_i(e_i(k), \nabla V_i(e_i(k+1)), u_i(k), u_{(j)}(k))$ 满足如下的哈密尔顿-雅克比(Hamiltonian-Jacobi, HJ)方程：

$$\begin{aligned} 0 &= H_i(e_i(k), \nabla V_i(e_i(k+1)), u_i(k), u_{(j)}(k)) \\ &= \nabla V_i^{\mathrm{T}}(e_i(k+1)) \Big[\sum_{j \in N_i} a_{ij}(f_{ei}(y_i(k)) - f_{ej}(y_j(k))) \\ &\quad + b_i f_{ei}(y_i(k)) + (d_i + b_i)g_i(x_i(k))u_i(k) \\ &\quad - \sum_{j \in N_i} a_{ij} g_j(x_j(k)) u_j(k) \Big] + r_i(e_i(k), u_i(k), u_{(j)}(k)), \end{aligned} \tag{3.12}$$

其中，$\nabla V_i(e_i(k+1)) = \partial V_i(e_i(k+1))/\partial e_i(k+1)$，$V_i(0) = 0$.

根据 Bellman 最优性原理，最优局部值函数满足如下耦合 HJB 方程：

$$\min_{u_i(k)} H_i(e_i(k), V_i^*(e_i(k+1)), u_i(k), u_{(j)}(k)) = 0. \tag{3.13}$$

求解式(3.13)，得到

$$u_i^*(k) = -\frac{1}{2}(d_i + b_i) R_{ii}^{-1} g_i^{\mathrm{T}}(x_i(k)) \nabla V_i^*(e_i(k+1)). \tag{3.14}$$

将式(3.14)代入式(3.12)中，得到

$$0 = e_i^{\mathrm{T}}(k) Q_{ii} e_i(k) - \frac{1}{2}(d_i + b_i)^2 \nabla V_i^{*\mathrm{T}}(e_i(k+1)) g_i(x_i(k)) R_{ii}^{-1} g_i^{\mathrm{T}}(x_i(k)) \nabla V_i^*(e_i(k+1))$$

$$+ \frac{1}{4} \sum_{j \in N_i} [(d_j + b_j)^2 \nabla V_j^{*T}(e_j(k+1)) g_j(x_j(k)) R_{jj}^{-1} R_{ij} R_{jj}^{-1} g_j^T(x_j(k)) \nabla V_j^*(e_j(k+1))]$$

$$+ \nabla V_i^{*T}(e_i(k+1)) [b_i f_{ei}(y_i(k)) + \sum_{j \in N_i} a_{ij}(f_{ei}(y_i(k)) - f_{ej}(y_j(k)))] + \frac{1}{4}(d_i + b_i)^2$$

$$\times \nabla V_i^{*T}(e_i(k+1)) g_i(x_i(k)) R_{ii}^{-1} g_i^T(x_i(k)) \nabla V_i^*(e_i(k+1)) + \frac{1}{2} \nabla V_i^{*T}(e_i(k+1))$$

$$\times \sum_{j \in N_i} [a_{ij} g_j(x_j(k))(d_j + b_j) R_{jj}^{-1} g_j^T(x_j(k)) \nabla V_j^*(e_j(k+1))]. \tag{3.15}$$

通过求解 HJB 方程(3.15)，可以得到最优一致性控制策略. 然而，存在两个需要解决的问题. 首先，HJB 方程(3.15)是高度耦合的，其受到跟随者 i 和其邻居跟随者的影响，并且式(3.15)为非线性偏微分方程，获得其解析解是十分困难的. 其次，求解式(3.15)需要知道每个跟随者的系统矩阵 $f(x_i(k))$ 和 $g_i(x_i(k))$ 的信息. 在实际应用中，很难或者不可能获得系统的模型信息，导致很难获得精确的系统矩阵. 为了克服这些困难，本章提出了基于局部 Q 函数的 ADP 方法，实现在系统模型信息未知的情况下，对耦合 HJB 方程(3.15)进行逼近求解.

3.4 基于策略迭代的局部 Q 函数 ADP 方法

求解耦合 HJB 方程(3.15)需要知道多智能体系统精确的模型信息，并且涉及求解非线性偏微分方程. 因此，式(3.15)不可能进行解析求解. 本节设计一种基于 Q 函数的模型无关 ADP 方法，采用策略迭代算法逼近最优一致性控制策略.

3.4.1 基于 Q 函数的策略迭代算法

定义关于跟随者 i 的局部 Q 函数为

$$Q_i(e_i(k), u_i(k), u_{(j)}(k)) = r_i(e_i(k), u_i(k), u_{(j)}(k)) + V_i(e_i(k+1)). \tag{3.16}$$

在容许控制策略下，可以得到

$$Q_i(e_i(k), u_i(k), u_{(j)}(k)) = V_i(e_i(k)). \tag{3.17}$$

因此，式(3.16)可以改写为

$$Q_i(e_i(k), u_i(k), u_{(j)}(k)) = r_i(e_i(k), u_i(k), u_{(j)}(k)) + Q_i(e_i(k+1), u_i(k+1), u_{(j)}(k+1)). \tag{3.18}$$

由于 Q 函数对每个状态上的所有可能的控制输入进行评估，通过最小化局部 Q 函数来获得改进的控制策略，因此，可以得到

$$u_i'(k) = \arg \min_{u_i(k) \in A_i} Q_i(e_i(k), u_i(k), u_{(j)}(k)), \tag{3.19}$$

其中，$\mathbb{A}_i$ 表示跟随者 i 的动作空间.

式(3.18)可以看作策略评估过程.给定容许控制策略，可以通过式(3.18)获得这些控制策略对应的局部 Q 函数.式(3.19)可以看作策略改进过程，通过式(3.19)可以得到改进的控制策略.这两个过程构成策略迭代算法.策略迭代的整个过程如算法 3.1 所示，其中 l 表示迭代次数.

算法 3.1 基于 Q 函数的策略迭代算法

初始化：对所有跟随者给定任意的初始容许控制策略 u_i^0

步骤一(策略评估)：给定容许控制策略 u_i^l，通过迭代方程求解局部 Q 函数

$$Q_i^l(e_i(k), u_i(k), u_{(j)}(k)) = r_i(e_i(k), u_i(k), u_{(j)}(k)) \\ + Q_i^l(e_i(k+1), u_i^l(k+1), u_{(j)}^l(k+1)) \tag{3.20}$$

步骤二(策略改进)：通过求解如下方程进行策略改进：

$$u_i^{l+1}(k) = \arg\min_{u_i(k) \in \mathbb{A}_i} Q_i^l(e_i(k), u_i(k), u_{(j)}(k)), \tag{3.21}$$

如果对于每个跟随者满足 $\| Q_i^{l+1}(e_i(k), u_i(k), u_{(j)}(k)) - Q_i^l(e_i(k), u_i(k), u_{(j)}(k)) \| \leq \varepsilon$（$\varepsilon$ 为足够小的正数），那么迭代过程停止；否则，重复步骤一和步骤二.

下一小节将对所提出的策略迭代算法的收敛性进行分析.

3.4.2　策略迭代算法的收敛性分析

在本小节证明了通过策略迭代得到的局部 Q 函数和控制策略均是最优的.

引理 3.2　定义 $\bar{\sigma}(R_{jj}^{-1}R_{ij})$ 为 $R_{jj}^{-1}R_{ij}$ 的最大奇异值.假定 $\bar{\sigma}(R_{jj}^{-1}R_{ij})$ 较小，并且对所有跟随者给定任意的初始容许控制策略.通过式(3.20)和式(3.21)迭代计算 $Q_i^l(e_i(k), u_i(k), u_{(j)}(k))$ 和 $u_i^l(k)$. 那么，如下不等式成立：

$$Q_i^l(e_i(k), u_i^l(k), u_{(j)}^l(k)) \geqslant Q_i^l(e_i(k), u_i^{l+1}(k), u_{(j)}^{l+1}(k)).$$

证明：通过式(3.11)和式(3.17)，可以得到

$$Q_i^l(e(k), u_i^l(k), u_{(j)}^l(k)) = \sum_{s=k}^{\infty} r_i(e_i(s), u_i^l(s), u_{(j)}^l(s)) \\ = Q_i^l(e_i(k), u_i^{l+1}(k), u_{(j)}^l(k)) + \Delta r_k(u_i^l, u_i^{l+1}), \tag{3.22}$$

其中，

$$\Delta r_k(u_i^l, u_i^{l+1}) = \sum_{s=k}^{\infty} (u_i^l(s) - u_i^{l+1}(s))^{\mathrm{T}} R_{ii}(u_i^l(s) - u_i^{l+1}(s)) + 2u_i^{l+1,\mathrm{T}}(s)R_{ii}(u_i^l(s) - u_i^{l+1}(s)).$$

由于 $u_i^{l+1}(k)$ 通过式(3.21)得到，因此有

$$Q_i^l(e_i(k), u_i^l(k), u_{(j)}^l(k)) \geqslant Q_i^l(e_i(k), u_i^{l+1}(k), u_{(j)}^l(k)). \tag{3.23}$$

类似地，可以得到

$$Q_i^l(e_i(k), u_i^{l+1}(k), u_{(j)}^l(k)) = \sum_{s=k}^{\infty} r_i(e_i(s), u_i^{l+1}(s), u_{(j)}^l(s))$$
$$= Q_i^l(e_i(k), u_i^{l+1}(k), u_{(j)}^{l+1}(k)) + \Delta r_k(u_{(j)}^l, u_{(j)}^{l+1}), \tag{3.24}$$

其中，

$$\Delta r_k(u_{(j)}^l, u_{(j)}^{l+1}) = \sum_{j \in N_i} ((u_j^l(k) - u_j^{l+1}(k))^T R_{ij}(u_j^l(k) - u_j^{l+1}(k))$$
$$+ 2(u_j^l(k) - u_j^{l+1}(k))^T R_{ij} u_j^{l+1}(k)). \tag{3.25}$$

如果 $\Delta r_k(u_{(j)}^l, u_{(j)}^{l+1}) \geqslant 0$，那么下列不等式成立：

$$Q_i^l(e_i(k), u_i^{l+1}(k), u_{(j)}^l(k)) \geqslant Q_i^l(e_i(k), u_i^{l+1}(k), u_{(j)}^{l+1}(k)). \tag{3.26}$$

结合式(3.14)和式(3.25)，如果下列不等式成立：

$$\sum_{j \in N_i} \Delta u_j^T(k) R_{ij} \Delta u_j(k) \geqslant \sum_{j \in N_i} \Delta u_j^T(k) (d_j + b_j) R_{ij} R_{jj}^{-1} g_j^T(x_j(k)) \nabla V_j^{l+1}(e_j(k+1)), \tag{3.27}$$

则可以得到 $\Delta r_k(u_{(j)}^l, u_{(j)}^{l+1}) \geqslant 0$. 其中，$\Delta u_j(k) = u_j^{l+1}(k) - u_j^l(k)$

结合范数的性质，由式(3.27)可以得到

$$\sum_{j \in N_i} \underline{\sigma}(R_{ij}) \| \Delta u_j(k) \| \geqslant \sum_{j \in N_i} \overline{\sigma}(R_{ij} R_{jj}^{-1}) \| g_j(x_j(k)) \| \| d_j + b_j \| \| \nabla V_j^{l+1}(e_j(k+1)) \|, \tag{3.28}$$

其中，$\underline{\sigma}(R_{ij})$ 表示 R_{ij} 的最小奇异值.

如果选择较小的 $\overline{\sigma}(R_{jj}^{-1} R_{ij})$，则式(3.28)成立.

结合式(3.23)，式(3.26)和式(3.27)，可以得到

$$Q_i^l(e_i(k), u_i^l(k), u_{(j)}^l(k)) \geqslant Q_i^l(e_i(k), u_i^{l+1}(k), u_{(j)}^{l+1}(k)) \tag{3.29}$$

证毕.

注释 3.2 为了保证 $\overline{\sigma}(R_{jj}^{-1} R_{ij})$ 较小，可以选择相对于 R_{ij} 值较大的 R_{jj} 值以保证 $R_{jj}^{-1} R_{ij}$ 的绝对值较小.

引理 3.3 假定 $\overline{\sigma}(R_{jj}^{-1} R_{ij})$ 较小，并且对所有跟随者给定任意的初始容许控制策略. 通过式(3.20)和式(3.21)迭代计算 $Q_i^l(e_i(k), u_i(k), u_{(j)}(k))$ 和 $u_i^l(k)$. 那么可以得到，如果 $u_i^l(k)$ 是容许控制策略，则改进的策略 $u_i^{l+1}(k)$ 仍然是容许控制策略.

证明：如果对于所有的跟随者而言 $u_i^l(k)$ 是容许控制策略，那么从容许控制的定义可知 $Q_i^l(e(k), u_i^l(k), u_{(j)}^l(k))$ 是有界的. 同时，根据式(3.29)可以得到 $Q_i^l(e(k), u_i^{l+1}(k), u_{(j)}^{l+1}(k))$ 也是有界的.

假定当 $e_i(k) = 0$ 时，$u_i^{l+1}(k) \neq 0$. 通过式(3.10)和式(3.16)可以得到

$$Q_i^l(0, u_i^{l+1}(k), u_{(j)}^{l+1}(k)) = r_i(0, u_i^{l+1}(k), u_{(j)}^{l+1}(k)) + V_i^l(e_i(k+1)) > 0. \tag{3.30}$$

对所有的跟随者 $u_i^l(k)$ 均为容许控制策略，可以得到 $Q_i^l(0, u_i^l(k), u_{(j)}^l(k)) = 0$. 进一步可以得到式(3.30)和式(3.29)是矛盾的. 因此，当 $e_i(k) = 0$ 时，$u_i^{l+1}(k) = 0$. 假设存在初始局部一致性误差状态 $e_i(k)$，从 $e_i(k)$ 开始，控制策略 $u_i^{l+1}(k)$ 不能使局部一致性误差系统稳定. 那么必定存在 $r_i(e_i(k+\rho), u_i^{l+1}(k+\rho), u_{(j)}^{l+1}(k+\rho)) \geq v_i$，其中，$\forall \rho \in \mathbb{Z}$，$\mathbb{Z}$ 表示所有的非负整数，$v_i > 0$. 因此，可以得到

$$Q_i^l(e_i(k), u_i^{l+1}(k), u_{(j)}^{l+1}(k)) \geq \sum_{\rho=0}^{\infty} v_i = \infty. \tag{3.31}$$

然而，由式(3.29)可知 $Q_i^l(e(k), u_i^{l+1}(k), u_{(j)}^{l+1}(k))$ 是有界的，此结论与式(3.31)矛盾. 因此，可以得到控制策略 $u_i^{l+1}(k)$ 可以使局部一致性误差系统稳定.

综合上述分析，结合容许控制策略的定义，可知 $u_i^{l+1}(k)$ 同样为容许控制策略.

证毕.

引理 3.4 假定 $\bar{\sigma}(R_{jj}^{-1}R_{ij})$ 较小，并且对所有跟随者给定任意的初始容许控制策略. 通过式(3.20)和式(3.21)迭代计算 $Q_i^l(e_i(k), u_i(k), u_{(j)}(k))$ 和 $u_i^l(k)$. 那么，可以得到 $\{Q_i^l\}_{l=0}^{\infty}$ 为非递增序列，满足 $Q_i^l \geq Q_i^{l+1}$.

证明：根据容许控制的定义和引理 3.3，可以得到，当 $k \to \infty$ 时，$e_i(k) \to 0$，$u_i^l(k) \to 0$，并且 $u_i^{l+1}(k) \to 0$.

令 $k = t$. 当 $t \to \infty$ 时，可以得到

$$Q_i^l(e_i(t), u_i^l(t), u_{(j)}^l(t)) = Q_i^{l+1}(e_i(t), u_i^{l+1}(t), u_{(j)}^{l+1}(t)). \tag{3.32}$$

因此，当 $k \to \infty$ 时，引理 3.4 成立.

令 $k = t - 1$. 根据式(3.20)~式(3.32)，可以得到

$$\begin{aligned} &Q_i^{l+1}(e_i(t-1), u_i(t-1), u_{(j)}(t-1)) \\ &= r_i(e_i(t-1), u_i(t-1), u_{(j)}(t-1)) + Q_i^{l+1}(e_i(t), u_i^{l+1}(t), u_{(j)}^{l+1}(t)) \\ &= r_i(e_i(t-1), u_i(t-1), u_{(j)}(t-1)) + Q_i^l(e_i(t), u_i^l(t), u_{(j)}^l(t)) \\ &\leq Q_i^l(e_i(t-1), u_i(t-1), u_{(j)}(t-1)). \end{aligned} \tag{3.33}$$

式(3.33)表明，当 $k = t - 1$ 时，引理 3.4 成立.

假设当 $k = \ell + 1 (\forall \ell \in \mathbb{Z})$ 时，引理 3.4 成立，即

$$Q_i^{l+1}(e_i(\ell+1), u_i(\ell+1), u_{(j)}(\ell+1)) \leq Q_i^l(e_i(\ell+1), u_i(\ell+1), u_{(j)}(\ell+1)). \tag{3.34}$$

根据式(3.20)、式(3.21)以及式(3.34)，可以得到

$$Q_i^{l+1}(e_i(\ell), u_i(\ell), u_{(j)}(\ell))$$
$$= r_i(e_i(\ell), u_i(\ell), u_{(j)}(\ell)) + Q_i^{l+1}(e_i(\ell+1), u_i^{l+1}(\ell+1), u_{(j)}^{l+1}(\ell+1))$$
$$\leq r_i(e_i(\ell), u_i(\ell), u_{(j)}(\ell)) + Q_i^l(e_i(\ell+1), u_i^{l+1}(\ell+1), u_{(j)}^{l+1}(\ell+1))$$
$$= Q_i^l(e_i(\ell), u_i(\ell), u_{(j)}(\ell)). \tag{3.35}$$

结合式(3.33)~式(3.35)，可以得到如下不等式成立：
$$Q_i^{l+1}(e_i(k), u_i(k), u_{(j)}(k)) \leq Q_i^l(e_i(k), u_i(k), u_{(j)}(k)), \forall k \in \mathbb{Z}. \tag{3.36}$$
证毕.

定理 3.1 假定 $\bar{\sigma}(R_{jj}^{-1} R_{ij})$ 较小，并且对所有跟随者给定任意的初始容许控制策略. 通过式(3.20)和式(3.21)迭代计算 $Q_i^l(e_i(k), u_i(k), u_{(j)}(k))$ 和 $u_i^l(k)$. 那么可以得到，当 $l \to \infty$ 时， $Q_i^l(e_i(k), u_i(k), u_{(j)}(k))$ 和 $u_i^l(k)$ 均会收敛到最优值.

证明：根据式(3.29)和式(3.36)，可以得到
$$Q_i^{l+1}(e_i(k), u_i^{l+2}(k), u_{(j)}^{l+2}(k)) \leq Q_i^l(e_i(k), u_i^{l+1}(k), u_{(j)}^{l+1}(k)). \tag{3.37}$$
则有
$$Q_i^\infty(e_i(k), u_i^\infty(k), u_{(j)}^\infty(k)) \leq Q_i^l(e_i(k), u_i^{l+1}(k), u_{(j)}^{l+1}(k))$$
$$= \min_{u_i(k) \in A_i}(r_i(e_i(k), u_i^l(k), u_{(j)}^l(k))$$
$$+ Q_i^l(e_i(k+1), u_i^l(k+1), u_{(j)}^l(k+1))). \tag{3.38}$$

令 $l \to \infty$，可以得到
$$Q_i^\infty(e_i(k), u_i^\infty(k), u_{(j)}^\infty(k)) \leq \min_{u_i(k) \in A_i}(r_i(e_i(k), u_i^\infty(k), u_{(j)}^\infty(k))$$
$$+ Q_i^\infty(e_i(k+1), u_i^\infty(k+1), u_{(j)}^\infty(k+1))). \tag{3.39}$$

根据式(3.20)和式(3.21)，可以得到
$$Q_i^\infty(e_i(k), u_i^\infty(k), u_{(j)}^\infty(k)) \geq \min_{u_i(k) \in A_i}(r_i(e_i(k), u_i^l(k), u_{(j)}^l(k))$$
$$+ Q_i^l(e_i(k+1), u_i^l(k+1), u_{(j)}^l(k+1))). \tag{3.40}$$

令 $l \to \infty$，式(3.40)转换为
$$Q_i^\infty(e_i(k), u_i^\infty(k), u_{(j)}^\infty(k)) \geq \min_{u_i(k) \in A_i}(r_i(e_i(k), u_i^l(k), u_{(j)}^l(k))$$
$$+ Q_i^l(e_i(k+1), u_i^l(k+1), u_{(j)}^l(k+1))). \tag{3.41}$$

结合式(3.39)和式(3.41)，得到
$$Q_i^\infty(e_i(k), u_i^\infty(k), u_{(j)}^\infty(k)) = \min_{u_i(k) \in A_i}(r_i(e_i(k), u_i^\infty(k), u_{(j)}^\infty(k))$$

$$+ Q_i^\infty(e_i(k+1), u_i^\infty(k+1), u_{(j)}^\infty(k+1))). \tag{3.42}$$

令 ζ_i 为任意的容许控制策略. 定义关于 ζ_i 的局部 Q 函数为

$$\Phi_i(e_i(k), \zeta_i(k), \zeta_{(j)}(k)) = r_i(e_i(k), \zeta_i(k), \zeta_{(j)}(k))$$
$$+ \Phi_i(e_i(k+1), \zeta_i(k+1), \zeta_{(j)}(k+1)). \tag{3.43}$$

令 $k = t$. 当 $t \to \infty$ 时, 存在 $e_i(t) \to 0$, $u_i^\infty(t) \to 0$, $\zeta_i(t) \to 0$. 则有

$$Q_i^\infty(e_i(t), u_i^\infty(t), u_{(j)}^\infty(t)) = \Phi_i(e_i(t), \zeta_i(t), \zeta_{(j)}(t)). \tag{3.44}$$

令 $t = p - 1$. 可以得到

$$\Phi_i(e_i(p-1), \zeta_i(p-1), \zeta_{(j)}(p-1))$$
$$= r_i(e_i(p-1), \zeta_i(p-1), \zeta_{(j)}(p-1)) + \Phi_i(e_i(p), \zeta_i(p), \zeta_{(j)}(p))$$
$$\geq \min_{\zeta_i(p-1) \in A_i} (r_i(e_i(p-1), \zeta_i(p-1), \zeta_{(j)}(p-1)) + \Phi_i(e_i(p), \zeta_i(p), \zeta_{(j)}(p)))$$
$$= \min_{u_i(p-1) \in A_i} (r_i(e_i(p-1), u_i^\infty(k), u_{(j)}^\infty(p-1)) + Q_i^\infty(e_i(p), u_i^\infty(p), u_{(j)}^\infty(p)))$$
$$= Q_i^\infty(e_i(p-1), u_i^\infty(p-1), u_{(j)}^\infty(p-1)). \tag{3.45}$$

综合式(3.44)和式(3.45), 得到

$$\Phi_i(e_i(k), \zeta_i(k), \zeta_{(j)}(k)) \geq Q_i^\infty(e_i(k), u_i^\infty(k), u_{(j)}^\infty(k)). \tag{3.46}$$

令 $\zeta_i(k) = u_i^*(k)$. 根据式(3.46), 可以得到

$$Q_i^*(e_i(k), u_i^*(k), u_{(j)}^*(k)) \geq Q_i^\infty(e_i(k), u_i^\infty(k), u_{(j)}^\infty(k)). \tag{3.47}$$

由于最优局部 Q 函数为最小值, 可以得到

$$Q_i^\infty(e_i(k), u_i^\infty(k), u_{(j)}^\infty(k)) \geq Q_i^*(e_i(k), u_i^*(k), u_{(j)}^*(k)). \tag{3.48}$$

结合式(3.47)和式(3.48), 得到

$$Q_i^\infty(e_i(k), u_i^\infty(k), u_{(j)}^\infty(k)) = Q_i^*(e_i(k), u_i^*(k), u_{(j)}^*(k)). \tag{3.49}$$

当每个跟随者的局部 Q 函数收敛到最优时, 对应的控制策略也会收敛到最优.

证毕.

注释 3.3 当跟随者 i 在利用自己和其邻居跟随者的信息执行策略迭代算法时, 其他跟随者也在执行策略迭代算法, 这表明策略迭代算法 3.1 是分布式的. 当分布式策略迭代算法 3.1 收敛时, 局部 Q 函数和控制策略均会收敛到最优值.

结合式(3.17), 可以得到耦合 HJB 方程(3.18)的解即为最优控制策略和最优局部 Q 函数. 接下来, 将会证明如果每个跟随者都选择自己的最优控制策略并且多智能体系统的通信拓扑图包含生成树, 则所有跟随者都将实现全局纳什均衡. 此外, 局部一致性误差是渐近稳定的, 所有跟随者的状态都与领航者的状态同步.

3.4.3　纳什均衡和稳定性分析

在多智能体博弈中, 侧重研究点为全局纳什均衡. 以下定理表明, 如果每个跟随

者选择自己的最优控制策略,则局部一致性误差系统是渐近稳定的,并且所有跟随者与领航者实现同步. 此外,所有跟随者都处于全局纳什均衡状态.

定理 3.2 如果多智能体系统的通信拓扑图包含生成树并且领航者至少与一个跟随者存在通信边,那么通过基于 Q 函数的策略迭代算法得到的最优控制策略和最优局部 Q 函数将会保证:①局部一致性误差系统(3.8)是渐近稳定的,并且所有跟随者与领航者实现同步;②所有跟随者实现全局纳什均衡.

证明:

(1) 由式(3.18)可知,最优局部 Q 函数 $Q_i^*(e_i(k), u_i^*(k), u_{(j)}^*(k))$ 满足 Bellman 最优方程,则有

$$Q_i^*(e_i(k+1), u_i^*(k+1), u_{(j)}^*(k+1)) - Q_i^*(e_i(k), u_i^*(k), u_{(j)}^*(k))$$
$$= -r_i(e_i(k), u_i^*(k), u_{(j)}^*(k)). \tag{3.50}$$

因此,对每个跟随者而言,$Q_i^*(e_i(k), u_i^*(k), u_{(j)}^*(k))$ 可以当作 Lyapunov 函数.

计算 Lyapunov 函数的一阶差分,可以得到

$$\Delta Q_i^*(e_i(k), u_i^*(k), u_{(j)}^*(k))$$
$$= Q_i^*(e_i(k+1), u_i^*(k+1), u_{(j)}^*(k+1)) - Q_i^*(e_i(k), u_i^*(k), u_{(j)}^*(k)). \tag{3.51}$$

根据式(3.50),式(3.51)以及 $r_i(\cdot)$ 的定义可知

$$\Delta Q_i^*(e_i(k), u_i^*(k), u_{(j)}^*(k)) = -r_i(e_i(k), u_i^*(k), u_{(j)}^*(k)) < 0. \tag{3.52}$$

因此,局部一致性误差系统(3.8)是渐近稳定的,并且 $\|e(k)\| \to 0$.

(2) 结合式(3.9),式(3.11)以及式(3.17),可以得到

$$J_i^*(e_i(k), u_i^*(k), u_{(j)}^*(k)) = Q_i^*(e_i(k), u_i^*(k), u_{(j)}^*(k)). \tag{3.53}$$

由于 $Q_i^*(e_i(k), u_i^*(k), u_{(j)}^*(k))$ 表示局部 Q 函数的最小值,因此有

$$J_i^*(e_i(k), u_i^*(k), u_{(j)}^*(k)) \leq J_i(e_i(k), u_i(k), u_{(j)}^*(k)). \tag{3.54}$$

由式(3.9)可以得到

$$J_i^*(e_i(k), u_i^*(k), u_{(j)}^*(k)) = J_i^*(e_i(k), u_i^*(k), u_{(j)}^*(k), u_m(k)), \tag{3.55}$$

其中,$m \notin \{i\} \cup N_i$.

结合式(3.54)和式(3.55),可以得到

$$J_i^*(e_i(k), u_i^*(k), u_{-i}^*(k)) \leq J_i(e_i(k), u_i(k), u_{-i}^*(k)). \tag{3.56}$$

其中,$u_{-i}^* = \{u_j^* : j \in N, j \neq i\}$.

由全局纳什均衡的定义 2.2 可知,所有跟随者均实现全局纳什均衡.

证毕.

3.5 基于神经网络的评价-执行网络设计

本节设计了一种基于神经网络的评价-执行网络结构来实现所提的基于 Q 函数的 ADP 方法，其结构框图如图 3.1 所示. 所提方法的结构主要包括评价网络和执行网络两个部分. 构建评价网络以实现 Bellman 方程的求解，并逼近最优局部 Q 函数. 同时，构建执行网络以实现局部 Q 函数的最小化，并逼近最优控制策略.

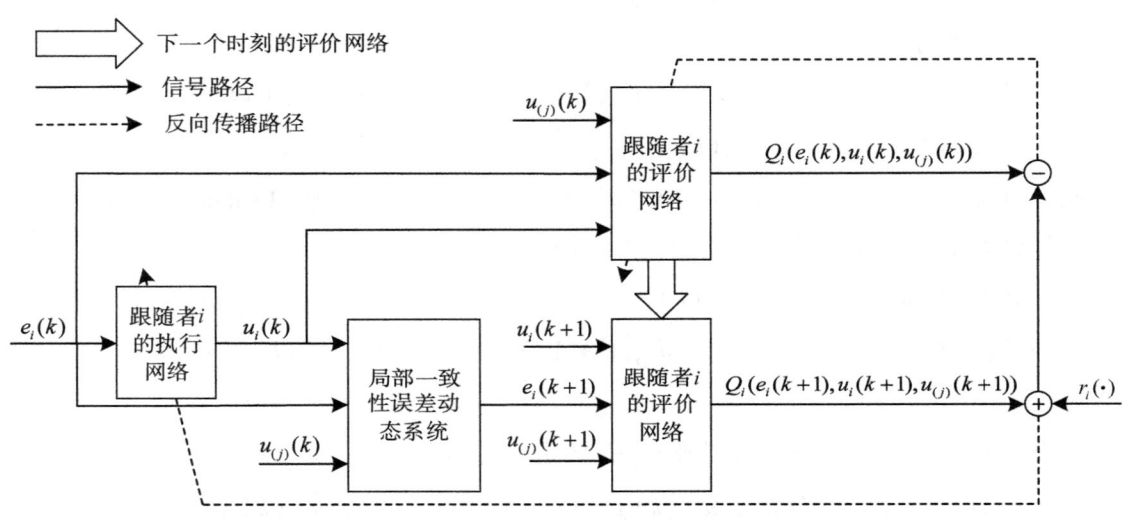

图 3.1　基于局部 Q 函数自适应动态规划方法的结构框图

3.5.1 基于神经网络的评价网络设计

从图 3.1 中可以看到，评价网络的输入包括局部一致性误差、跟随者的控制输入以及其邻居跟随者的控制输入. 评价网络用来执行策略评估(3.20)，以逼近式(3.18)中的最优局部 Q 函数，

$$Q_i(s_i(k)) = w_{ci}^{\mathrm{T}} \varphi_i(h_i^{\mathrm{T}} s_i(k)) + \varepsilon_{ci}, \tag{3.57}$$

其中，$s_i(k)$ 为包含 $e_i(k)$，$u_i(k)$ 以及 $u_{(j)}(k)$ 信息的行向量，$\varphi_i(\cdot)$ 表示激活函数，ε_{ci} 表示神经网络的逼近误差，h_i 和 w_i 分别表示神经网络输入层和隐含层、隐含层和输出层之间的权值.

随着迭代次数 $l \to \infty$，$\varepsilon_{ci} \to 0$，假设当前权重的估计值为 $\hat{h}_i$，$\hat{w}_{ci}$，则评价网络的输出为

$$\hat{Q}_i(s_i(k)) = \hat{w}_{ci}^{\mathrm{T}} \varphi_i(\hat{z}_{ci}(k)). \tag{3.58}$$

其中，$\hat{z}_{ci}(k) = \hat{h}_i^{\mathrm{T}} s_i(k)$.

由于评价网络设计中存在着逼近误差，根据式(3.20)，定义如下的 Bellman 误差：

$$e_{ci}(k) = r_i(s_i(k)) + \hat{Q}_i(s_i(k+1)) - \hat{Q}_i(s_i(k)). \tag{3.59}$$

权重 $\hat{w}_{ci}$ 可以通过最小化如下损失函数进行优化：

$$E_{ci}(k) = \frac{1}{2} e_{ci}^{\mathrm{T}}(k) e_{ci}(k). \tag{3.60}$$

采用基于梯度下降方法的权重更新规则以实现损失函数(3.60)的最小化. 每个跟随者的评价网络权值更新规则如下：

$$\hat{w}_{ci}^{l,\,t+1} = \hat{w}_{ci}^{l,\,t} - \alpha_{ci} \left[\frac{\partial E_{ci}^{l,\,t}}{\partial \hat{w}_{ci}^{l,\,t}} \right], \tag{3.61}$$

其中，$\alpha_{ci} > 0$ 表示学习率，l 表示分布式策略迭代算法的迭代次数，t 表示梯度下降方法的迭代次数.

根据链式反向传播规则，可以得到

$$\begin{aligned}
\hat{w}_{ci}^{l+1,\,t} &= \hat{w}_{ci}^{l,\,t} - \alpha_{ci} \frac{\partial E_{ci}^{l,\,t}(k)}{\partial e_{ci}^{l,\,t}(k)} \frac{\partial e_{ci}^{l,\,t}(k)}{\partial \hat{w}_{ci}^{l,\,t}} \\
&= \hat{w}_{ci}^{l,\,t} - \alpha_{ci} e_{ci}^{l,\,t}(k) [\varphi_{ci}(\hat{z}_{ci}(k+1)) - \varphi_{ci}(\hat{z}_{ci}(k))].
\end{aligned} \tag{3.62}$$

3.5.2 基于神经网络的执行网络设计

从图3.1可知，执行网络的输入为局部一致性误差，输出为控制策略. 执行网络用来执行策略改进(3.24)以逼近式(3.19)中的最优控制策略，表示为

$$\hat{u}_i(k) = \hat{w}_{ai}^{\mathrm{T}} \varphi_i(\hat{z}_{ai}(k)), \tag{3.63}$$

其中，$\hat{z}_{ai}(k) = \hat{\kappa}_i^{\mathrm{T}} \psi_i(k)$，$\psi_i(\cdot)$ 为包含 $e_{i1}(k)$ 和 $e_{i2}(k)$ 的行向量，$e_i(k) = (e_{i1}(k), e_{i2}(k))^{\mathrm{T}}$，$\varphi_i(\cdot)$ 表示激活函数，$\hat{\kappa}_i$ 和 $\hat{w}_{ai}$ 分别表示神经网络输入层和隐含层、隐含层和输出层之间的权值.

执行网络通过调整权值以实现局部 Q 函数的最小化，定义执行网络的误差为

$$e_{ai}(k) = \hat{Q}_i(s_i(k)), \tag{3.64}$$

执行网络的权重 $\hat{w}_{ai}$ 可以通过最小化如下损失函数进行优化：

$$E_{ai}(k) = \frac{1}{2} e_{ai}^{\mathrm{T}}(k) e_{ai}(k). \tag{3.65}$$

与评价网络类似，执行网络权重的更新规则如下：

$$\hat{w}_{ai}^{l,\,t+1} = \hat{w}_{ai}^{l,\,t} - \alpha_{ai} \left[\frac{\partial E_{ai}^l(k)}{\partial \hat{w}_{ai}^{l,\,t}(k)} \right]$$

$$= \hat{w}_{ai}^{l,\,t} - \alpha_{ai} \frac{\partial E_{ai}^{l,\,t}(k)}{\partial e_{ai}^{l,\,t}(k)} \frac{\partial e_{ai}^{l,\,t}(k)}{\partial \hat{Q}_i(s_i(k))} \frac{\partial \hat{Q}_i(s_i(k))}{\partial \hat{u}_i(k)} \frac{\partial \hat{u}_i(k)}{\partial \hat{w}_{ai}^{l,\,t}(k)}$$

$$= \hat{w}_{ai}^{l,\,t} - \alpha_{ai} \varphi_i(\hat{z}_{ai}(k)) \hat{w}_{ci}^{\mathrm{T}} \varphi_i(\hat{z}_{ci}(k)) \hat{\kappa}_i^{\mathrm{T}} D_i \hat{w}_{ci}^{\mathrm{T}} \nabla \varphi_i(\hat{z}_{ci}(k)), \qquad (3.66)$$

其中，$\alpha_{ai} > 0$ 表示学习率，$\nabla \varphi_i(\hat{z}_{ci}(k)) = \partial \varphi_i(\hat{z}_{ci}(k))/\partial \hat{z}_{ci}(k)$，$D_i = \partial s_i(k)/\partial \hat{u}_i(k)$ 表示常数矩阵.

注释 3.4 从式(3.58)可以看出，局部 Q 函数中显性地包含有控制策略，在计算式(3.66)中的梯度 $\Delta \hat{w}_{ai}(k)$ 的过程中，无须知道系统的模型信息. 因此，在进行评价网络和执行网络权值更新的过程中，没有涉及运用系统模型信息 $f(\cdot)$ 和 $g_i(\cdot)$. 此外，所提出的方法没有采用任何的系统辨识手段.

3.5.3 评价-执行网络的在线调整

算法 3.2 展示了基于神经网络的评价-执行网络策略迭代算法网络权值的更新步骤，从中可以看出权值更新过程中仅利用到可测量的数据. 与算法 2.2 不同，算法 3.2 采用神经网络构建评价和执行网络，并且在迭代过程中需要评价网络和执行网络的权值均收敛，然后进行下一次的更新. 同时，算法 3.2 采用策略迭代的方式进行权值的更新，在初始阶段需要初始可行的容许控制策略. 初始容许控制策略的获取方法可以参见文献[160]中注释 11.

3.6 仿 真 实 验

本节提供了两个数值仿真实验以验证本章所提出的有关方法的有效性，包括一个标准的一致性控制问题，以及含有一个领航者和七个跟随者的多智能体系统一致性控制问题.

算法 3.2 模型无关分布式一致性控制算法

Initialization($\forall i,\ i = 1, 2, \cdots, N$)

$x_i(0)$，$x_0(0)$：跟随者和领航者的初始状态

$w_{ci}^{0,\,0}(0)$：初始的评价网络参数

$w_{ai}^{0,\,0}(0)$：初始的容许执行网络参数

$N_{c,\,\max}$，$N_{a,\,\max}$：评价网络和执行网络的最大训练次数

续表

算法 3.2 模型无关分布式一致性控制算法

    $E_{c,thr}$，$E_{a,thr}$：评价网络和执行网络的损失函数的阈值

    α_{ci}，α_{ai}：评价网络和执行网络的学习率

    Q_{ii}，R_{ii}，R_{ij}：正定矩阵

    ε：阈值

End initialization

    令 $k=0$，$l=0$，$t=0$.

    计算局部一致性误差 $e_i(k)\leftarrow(3.3)$

Repeat

    计算控制策略 $\hat{u}_i(k)\leftarrow(3.63)$

    计算将控制策略作用于局部一致性误差系统中，得到 $e_i(k+1)$

    计算下一时刻的控制策略 $\hat{u}_i(k+1)\leftarrow(3.63)$

    Repeat

        计算评价网络的 Bellman 误差 $e_{ci}^t(k)\leftarrow(3.59)$

        计算评价网络的损失函数 $E_{ci}^t(k)\leftarrow(3.60)$

        更新评价网络的权值 $\hat{w}_{ci}^{l,t+1}\leftarrow(3.61)$

    Until($E_{ci}^t\leq E_{c,thr}$ 或者 $t\geq N_{c,\max}$；否则 $t=t+1$)

    令 $w_{ci}^{l+1,0}=w_{ci}^{l,t+1}$，$t=0$.

    Repeat

        计算执行网络的误差 $e_{ai}^t(k)\leftarrow(3.64)$

        计算执行网络的损失函数 $E_{ai}^t\leftarrow(3.65)$

        更新执行网络的权值 $\hat{w}_{ai}^{l,t+1}\leftarrow(3.66)$

    Until($E_{ai}^t\leq E_{a,thr}$ 或者 $t\geq N_{a,\max}$；否则 $t=t+1$)

    令 $w_{ci}^{l+1,0}=w_{ci}^{l,t+1}$，$t=0$.

Until($\sum_{i=1}^{N}\|w_{ci}^{l+1,0}-w_{ci}^{l,0}\|/N\leq\varepsilon$；否则 $k=k+1$)

    Return($w_{ci}^{l+1,0}$，$w_{ai}^{l+1,0}$，$\forall i$，$i=1,2,\cdots,N$)

3.6.1 仿真实验一

考虑文献[94]中的标准一致性问题，它包括一致性控制问题和跟踪控制问题，其通信拓扑如图 3.2 所示.

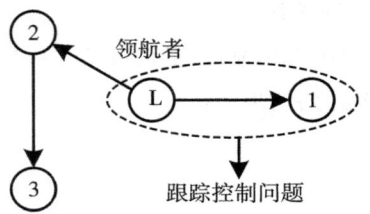

图 3.2　多智能体系统标准一致性问题交互拓扑图

不同于文献[94]，本章将离散时间线性多智能体系统改变为离散时间非线性多智能体系统，其中每个智能体的动态方程描述如下：

智能体 1
$$x_{11}(k+1) = 0.05x_{12}(k) + x_{11}(k),$$
$$x_{12}(k+1) = -0.0005x_{11}(k) - 0.0335x_{11}^3(k) + x_{12}(k) + 0.05u_1(k).$$

智能体 2
$$x_{21}(k+1) = 0.05x_{22}(k) + x_{21}(k),$$
$$x_{22}(k+1) = -0.0005x_{21}(k) - 0.0335x_{21}^3(k) + x_{22}(k) + 0.08u_2(k).$$

智能体 3
$$x_{31}(k+1) = 0.05x_{32}(k) + x_{31}(k),$$
$$x_{32}(k+1) = -0.0005x_{31}(k) - 0.0335x_{31}^3(k) + x_{32}(k) + 0.01u_3(k).$$

领航者的动态方程为
$$x_{01}(k+1) = 0.05x_{02}(k) + x_{01}(k),$$
$$x_{02}(k+1) = -0.0005x_{01}(k) - 0.0335x_{01}^3(k) + x_{02}(k).$$

牵引增益 $b_1 = b_2 = 1$，$b_3 = 0$，边的权值 $a_{32} = 1$. 为了简便起见，$u_i(k)$ 和 $e_i(k)$ 简化表示为 u_i 和 e_i. 选择评论网络的激活函数为
$$\varphi_i(z_{ci}) = (e_{i1}^2, e_{i1}e_{i2}, e_{i1}u_i, e_{i2}^2, e_{i2}u_i, u_i^2)^\mathrm{T}, \quad i = 1, 2,$$
$$\varphi_3(z_{c3}) = (e_{31}^2, e_{31}e_{32}, e_{31}u_3, e_{31}u_2, e_{32}^2, e_{32}u_3, e_{32}u_2, u_3^2, u_3u_2, u_2^2)^\mathrm{T}.$$

执行网络的激活函数设计为 $\varphi_i(z_{ai}) = (e_{i1}, e_{i2}, e_{i1}^2, e_{i1}e_{i2}, e_{i2}^2)^\mathrm{T}$，$i = 1, 2, 3$. 梯度下降循环中，评价-执行网络权值调整的最大次数设置为 $N_{c,\max} = N_{a,\max} = 200$，阈值选择为 $E_{c,thr} = E_{a,thr} = 10^{-4}$. 整个评价-执行网络收敛的阈值设置为 $\varepsilon = 10^{-3}$. 学习率设置为 $\alpha_{ci} = \alpha_{ai} = 0.001$，$i = 1, 2, 3$. 令 $Q_{ii} = I_2$，$i = 1, 2, 3$，$R_{12} = R_{21} = R_{13} = R_{23} = R_{31} = 0$. 领航者和跟随者的初始状态在 $(0, 1)$ 之间随机选择.

初始状态—动作对的局部 Q 函数值随时间变化的曲线如图 3.3 所示. 可以看出，

局部 Q 函数在整个迭代学习过程中收敛，并且局部 Q 函数为单调非递增的序列，验证了引理 3.4 的正确性.

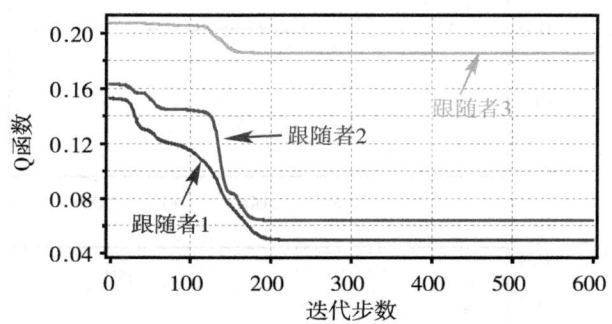

图 3.3　实验一中局部 Q 函数随迭代次数的变化中情况

图 3.4 展示了每个跟随者的评价-执行网络权值的变化，可以看出评价-执行网络的权值在学习过程中收敛. 图 3.5 描述了 3 个跟随者对应的局部一致性误差的动态变化情况，可以看到随着迭代学习的进行，局部一致性误差最终收敛到 0.

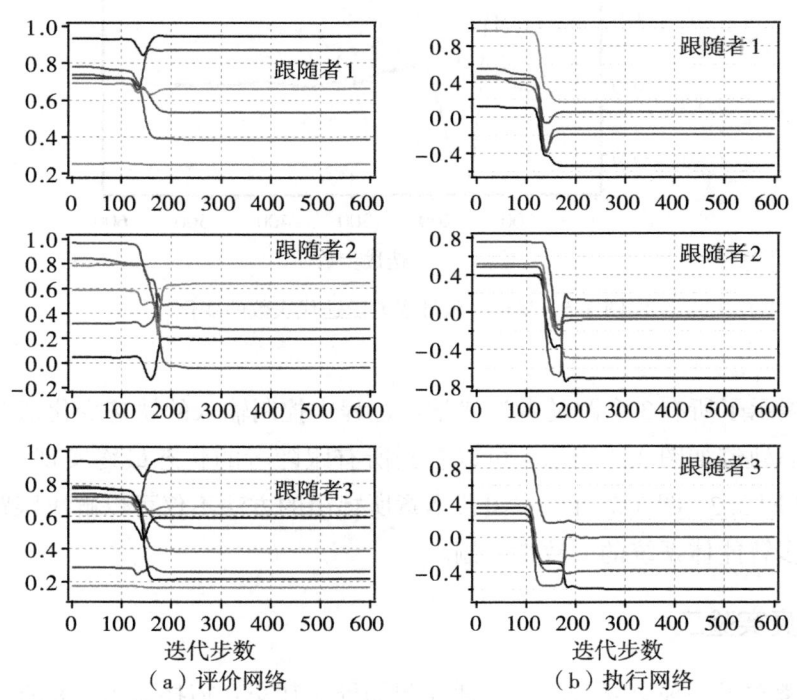

（a）评价网络　　　　　　　　　（b）执行网络

图 3.4　评价-执行网络的权值随迭代步数的变化

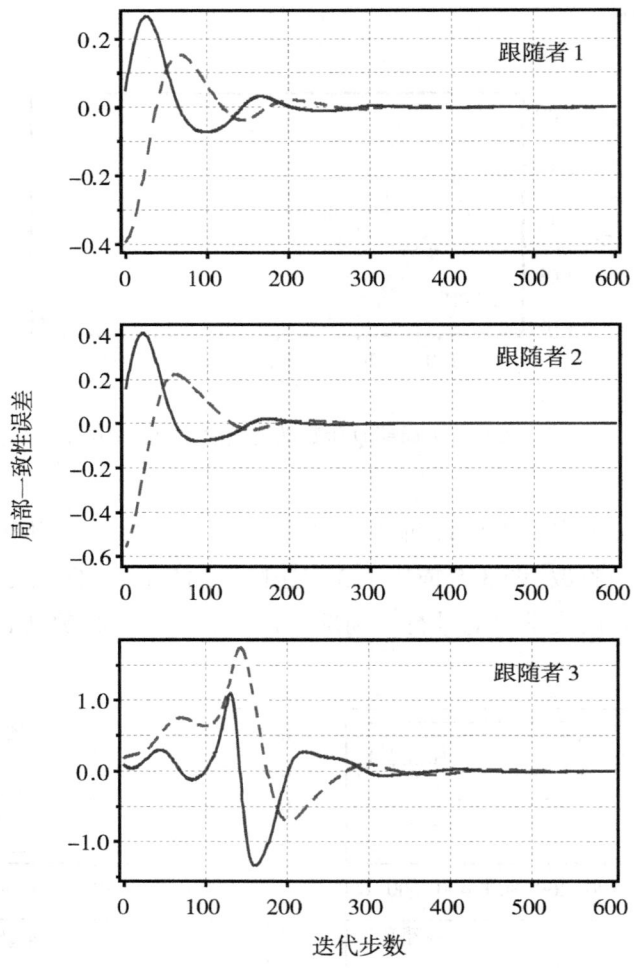

图 3.5 局部一致性误差随迭代次数的变化

图 3.6 展示了所有 3 个跟随者迭代学习过程中控制输入的轨迹变化情况. 领航者和跟随者的状态轨迹如图 3.7 所示, 可以看到所有跟随者的状态最终实现了和领航者状态的一致. 从图 3.3~图 3.7 可以看出, 本章所提出的方法不仅可以解决跟踪控制问题, 还可以实现多智能体系统的一致性控制.

3.6.2 仿真实验二

本小节考虑了一种更复杂的一致性控制场景, 其交互拓扑如图 3.8 所示. 仿真实验一和仿真实验二的不同点在于: 在仿真实验二中, 七个跟随者之间均存在交互, 而在仿真实验一中, 跟随者 1 与领航者可以被当作跟踪控制问题处理.

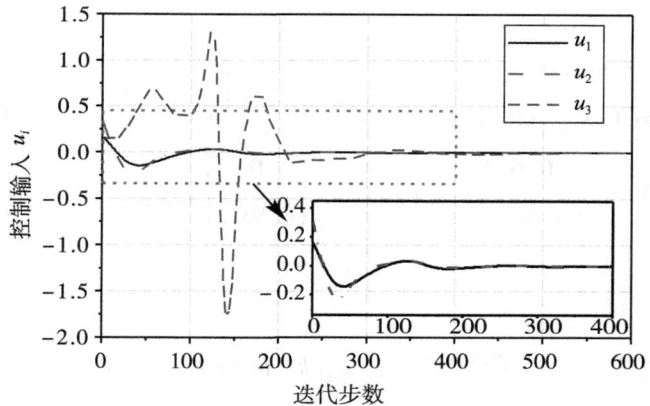

图 3.6 跟随者控制输入随迭代次数的变化

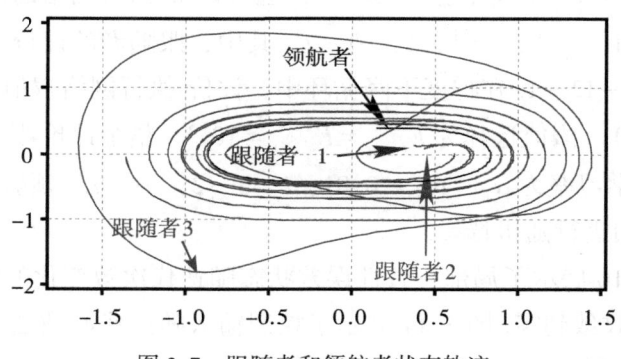

图 3.7 跟随者和领航者状态轨迹

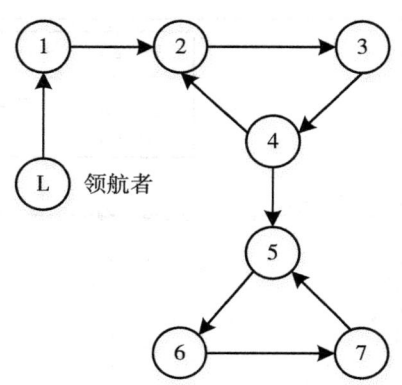

图 3.8 包含 7 个跟随者的多智能体系统交互拓扑图

跟随者的动态方程为

$$x_i(k+1) = f(x_i(k)) + g_i(x_i(k))u_i(k), \quad (3.67)$$

其中，

$$f(x_i) = \begin{pmatrix} -\sin(0.5x_{i2}) \\ -\cos(1.4x_{i2})\sin(0.9x_{i1}) \end{pmatrix}, \quad g_1(x_1) = \begin{pmatrix} 0 \\ x_{11} \end{pmatrix}, \quad g_2(x_2) = \begin{pmatrix} 0.5 \\ 0.5x_{21} \end{pmatrix}, \quad g_3(x_3) =$$

$$\begin{pmatrix} 0 \\ 0.6x_{31} \end{pmatrix}, \quad g_4(x_4) = \begin{pmatrix} 0.6 \\ 0.3x_{41} \end{pmatrix}, \quad g_5(x_5) = \begin{pmatrix} 0 \\ 0.9x_{51} \end{pmatrix}, \quad g_6(x_6) = \begin{pmatrix} 0.2 \\ 0.2x_{61} \end{pmatrix}, \quad g_7(x_7) =$$

$$\begin{pmatrix} 0 \\ -0.5x_{71} \end{pmatrix}.$$

这里，为了简便起见，$x_{i1}(k)$ 简写为 x_{i1}，$x_{i2}(k)$ 简写为 x_{i2}，$x_i(k) = [x_{i1}(k), x_{i2}(k)]^T$.

边的权值设为 $a_{21} = a_{24} = a_{32} = a_{43} = a_{54} = a_{57} = a_{65} = a_{76} = 1$. 令 $Q_{ii} = I_2$，$R_{ii} = 1$，$i = 1, 2, \cdots, 7$，并且 $R_{21} = R_{24} = R_{32} = R_{43} = R_{54} = R_{57} = R_{65} = R_{76} = 0.8$. 牵引增益 $b_1 = 1$，$b_2 = b_3 = \cdots = b_7 = 0$. 不同于仿真实验一，选择评价-执行网络的激活函数为 $\varphi_i(y) = \varphi_i(y) = (1 - e^{-y})/(1 + e^{-y})$，$i = 1, 2, \cdots, 7$. 其中，跟随者的评价-执行网络的结构选择为 3—10—1 和 2—12—1. 在梯度下降循环中，评价-执行网络权值调整的最大次数为 $N_{c,\max} = N_{a,\max} = 300$，阈值选择为 $E_{c,thr} = E_{a,thr} = 10^{-5}$. 整个评价-执行网络收敛的阈值设置为 $\varepsilon = 10^{-3}$. 学习率为 $\alpha_{ci} = \alpha_{ai} = 0.01$，$i = 1, 2, \cdots, 7$. 领航者和跟随者的初始状态在 (0, 1) 之间进行随机选择.

图 3.9 和图 3.10 展示了局部一致性误差状态随迭代次数变化的曲线，可以看到局部一致性误差最终收敛到零. 图 3.11 展示了控制输入随迭代次数变化的轨迹. 图 3.9~图 3.11 验证了本章所提方法的有效性.

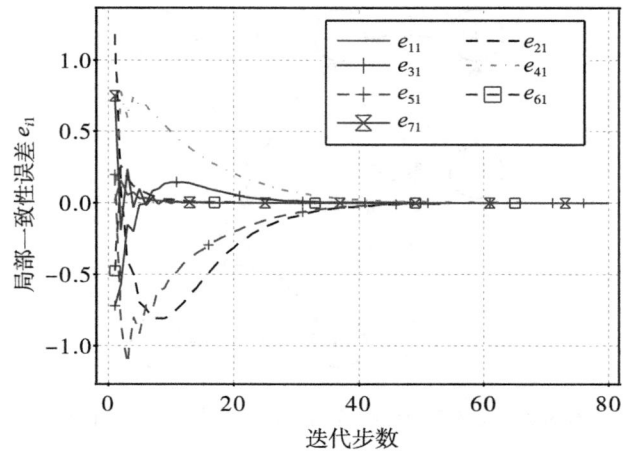

图 3.9 跟随者的局部一致性误差的轨迹 e_{i1}

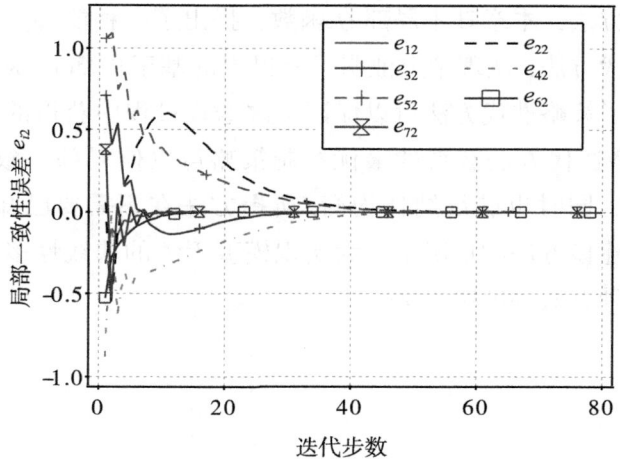

图 3.10 跟随者的局部一致性误差的轨迹 e_{i2}

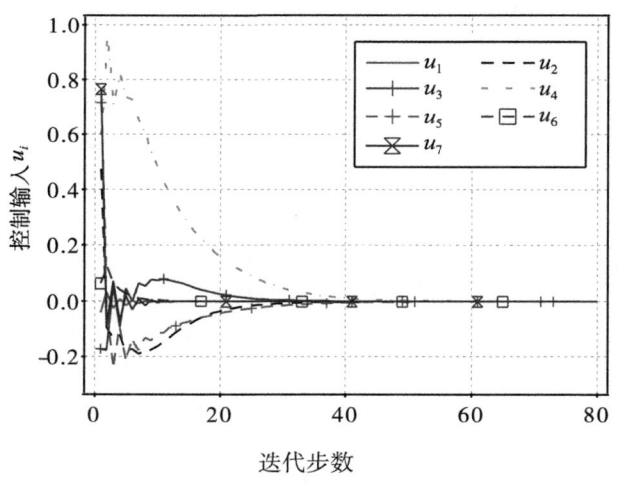

图 3.11 跟随者控制输入的轨迹

3.7 本 章 小 结

本章针对系统模型未知情况下的非线性多智能体系统最优一致性控制问题,提出了采用局部 Q 函数的策略迭代 ADP 方法获取最优一致性控制策略. 首先,根据多智能体系统的交互拓扑关系,定义了局部一致性误差,并证明了如果每个跟随者对应的局部一致性误差收敛到 0,所有跟随者将会实现对领航者的跟踪,从而将多智能体系统的最优一致性控制转换为对局部一致性误差的稳定控制问题. 然后,定义了考虑跟随者局部一致性误差和控制输入及其邻居跟随者控制输入的局部 Q 函数. 不同于前一章采用的值函数迭代方法, 本章基于局部 Q 函数, 提出了一种能够实现多智能体最优一致性控制的策略迭代方法, 从理论上证明了所提出的基于局部 Q 函数策略迭代方法的收敛性, 并且证明了策略迭代方法可以保证每次迭代过程中获得的控制策略均为容许控制策略. 通过策略迭代方法获得的最优控制策略可以使局部一致性误差系统稳定, 既实现一致性控制, 同时也满足纳什均衡. 所提方法在不需要已知系统的模型信息, 也不需要采用系统建模方法的情况下, 为实现模型无关的非线性多智能体系统最优一致性控制提供了一种有效的解决方案.

第4章 部分可观环境下异构多智能体系统输出一致性控制方法

4.1 引言

前面两章研究的对象为系统模型未知情况下多智能体系统的状态一致性控制(包含控制),要求每个智能体具有相同的状态空间维度.然而,多智能体系统中智能体在很多实际情况下是异构的,表现为系统的内部状态动态特性,或者状态空间的维度都有可能不相同.同时,实际多智能体系统的内部状态变量并不总是完全可观的,因为实际系统的一些内部状态不能由传感器检测到,或者制造传感器以获得这些内部状态的代价可能过高.这造成了多智能体系统的部分可观环境.设计状态观测器可以解决系统内部状态不可观的问题,但是传统的状态观测器设计需要知道系统的模型信息,而系统的模型信息在实际情况下很难获取.

本章针对部分可观环境下异构离散时间线性多智能体系统的无模型最优输出一致性控制问题开展研究.首先,对每个跟随者设计了模型无关的自适应分布式观测器来估计领航者的输出,将最优输出一致性控制问题转化为分布式最优跟踪控制问题.其中,每个跟随者跟踪的参考轨迹由自适应分布式观测器产生.结合跟随者和领航者的动态特性,构造了增广系统用以解决最优跟踪控制问题.但是,要解决最优跟踪控制问题,系统内部状态必须可观,同时系统模型必须已知.为了消除对系统内部状态可观的要求,通过收集历史输入/输出数据以重构不可观的内部状态.为了克服系统模型信息未知的问题,设计了以输入/输出形式表示的 Q 函数,然后结合迭代 ADP 算法来逼近最优跟踪控制策略和最优 Q 函数,并对 ADP 方法的收敛性进行了分析.为了实现该算法,采用了评价-执行网络框架,以逼近最优 Q 函数和最优控制策略.最后,通过数值仿真实验验证了所提方法的有效性.

4.2 问题描述

考虑具有一个领航者和 N 个跟随者的离散时间线性异构多智能体系统,跟随者的

动态方程如下:
$$x_i(k+1) = A_i x_i(k) + B_i u_i(k),$$
$$y_i(k) = C_i x_i(k), \quad i = 1, 2, \cdots, N, \quad (4.1)$$

其中, $x_i(k) \in \mathbb{R}^{n_i}$, $u_i(k) \in \mathbb{R}^{m_i}$, $y_i(k) \in \mathbb{R}^p$, 分别表示跟随者 i 的系统状态、控制输入以及测量输出.

领航者的动态方程如下:
$$r_0(k+1) = F r_0(k), \quad (4.2)$$
其中, $r_0(k) \in \mathbb{R}^p$, 表示领航者的系统状态.

假设 4.1 多智能体系统的拓扑图中包含生成树, 并且领航者至少与一个跟随者有通信边.

假设 4.2 $A_i \in \mathbb{R}^{n_i \times n_i}$, $B_i \in \mathbb{R}^{n_i \times m_i}$, $C_i \in \mathbb{R}^{p \times n_i}$, $F \in \mathbb{R}^{p \times p}$, $\forall i$ 是未知的. 并且系统内部状态变量 $x_i(k)$ 不可测, 仅系统输入 $u_i(k)$、系统输出 $y_i(k)$ 和 $r_0(k)$ 可测.

假设 4.3 多智能体系统中每个跟随者的系统是能控和能观的, 并且领航者系统是能观的.

假设 4.4 每个跟随者系统的阶数和能观性指数是已知的.

假设 4.5 领航者系统的极点在单位圆上, 并且没有重复极点.

多智能体系统输出一致性的目标是对每个跟随者设计分布式一致性协议 $u_i(k)$ 使每个跟随者的输出与领航者实现同步, 即
$$\lim_{k \to \infty} e_i(k) = \lim_{k \to \infty}(y_i(k) - r_0(k)) = 0, \quad \forall i = 1, 2, \cdots, N, \quad (4.3)$$
其中, $e_i(k) = y_i(k) - r_i(k)$.

在多智能体系统中, 只有与领航者相邻的跟随者才可以接收到领航者的输出信息. 为了实现最优输出一致性控制, 模型无关的分布式自适应观测器[121,124]被用来估计领航者的输出信息, 设计如下:
$$\hat{r}_i(k+1) = \hat{F}_i(k)\hat{r}_i(k) + c(1+d_i+s_i)^{-1}$$
$$K\Big[\sum_{j \in N_i} a_{ij}(\hat{r}_j(k) - \hat{r}_i(k)) + s_i(r_0(k) - \hat{r}_i(k))\Big], \quad (4.4)$$

其中, $\hat{F}_i(k)$ 为 F 的估计值, c 为正整数, K 为需要设计的矩阵, $\hat{r}_i(k)$ 为每个跟随者 i 对领航者信息 $r_0(k)$ 的估计值, $s_i \geq 0$ 表示牵引增益. $s_i > 0$ 表示跟随者 i 与领航者有通信边; 否则, $s_i = 0$. 牵引增益矩阵表示为 $S = \text{diag}\{s_i\} \in \mathbb{R}^{N \times N}$.

引理 4.1[124] 如果假设 4.1 和假设 4.5 成立, 那么采用下面的迭代方法, 模型无关分布式自适应观测器(4.4)的估计误差 $\varepsilon_i(k) = \hat{r}_i(k) - r_0(k)$ 将会收敛为 0:
$$\hat{F}_i(k+1)_{\text{vec}} = \hat{F}_i(k)_{\text{vec}} + \alpha \varphi_i(k+1)\delta_i(k+1), \quad (4.5)$$
其中, $\delta_i(k+1) = \hat{r}_i(k+1) - r_0(k+1)$, $\varphi_i(k+1) = -R_i^T(R_i R_i^T + \xi I_p)^{-1}$, $R_i^T = I_p \otimes$

$\hat{r}_i(k)$，$\xi > 0$，I_p 表示维度为 p 的单位矩阵，$0 < \alpha < 1/2$，$\hat{F}_i(k)_{\text{vec}} \in \mathbb{R}^{p^2}$ 表示矩阵 $\hat{F}_i(k)$ 的向量化形式. 式(4.4)中的参数 K，c 满足 $K = F_0$，且

$$|1 - c\lambda_i| < 1/(\xi \sigma_{\max}(F_0)), \tag{4.6}$$

其中，$F = F_0 + \Delta F$，F_0 的极点均在单位圆上，$\|\Delta F\| < \xi$，$\sigma_{\max}(F_0)$ 表示 F_0 的最大奇异值，λ_i 表示 $(I_N + D + S)^{-1}(L + S)$ 特征根，D 为入度矩阵，L 为拉普拉斯矩阵.

当分布式自适应观测器的逼近误差收敛到 0 时，根据式(4.4)，可以得到

$$r_i(k+1) = \hat{F}_i r_i(k). \tag{4.7}$$

结合模型无关分布式观测器(4.4)，离散时间线性异构多智能体系统的最优输出一致性控制问题转化为分布式最优跟踪控制问题，其中跟踪目标为分布式观测器的输出 $r_i(k)$. 结合式(4.1)和式(4.7)，可以得到跟踪误差的动态方程为

$$e_i(k+1) = C_i A_i x_i(k) - \hat{F}_i r_i(k) + C_i B_i u_i(k). \tag{4.8}$$

为了实现最优跟踪控制，构建如下增广系统：

$$\begin{cases} X_i(k+1) = \begin{bmatrix} x_i(k+1) \\ r_i(k+1) \end{bmatrix} = T_i X_i(k) + B_{1i} u_i(k), \\ e_i(k) = (C_i \quad -I_p) X_i(k), \end{cases} \tag{4.9}$$

其中，$T_i = \begin{pmatrix} A_i & 0 \\ 0 & \hat{F}_i \end{pmatrix}$，$B_{1i} = \begin{pmatrix} B_i \\ 0 \end{pmatrix}$.

并且对每个跟随者设计如下的性能指标函数：

$$\begin{aligned} J_i(x_i(k), u_i(k)) &= \sum_{t=k}^{\infty} \gamma_i^{t-k} c_i(e_i(t), u_i(t)) \\ &= \sum_{t=k}^{\infty} \gamma_i^{t-k} [e_i^{\mathrm{T}}(t) Q_{ei} e_i(t) + u_i^{\mathrm{T}}(t) R_i u_i(t)] \\ &= \sum_{t=k}^{\infty} \gamma_i^{t-k} [(y_i(t) - r_i(t))^{\mathrm{T}} Q_{ei}(y_i(t) - r_i(t)) + u_i^{\mathrm{T}}(t) R_i u_i(t)] \\ &= \sum_{t=k}^{\infty} \gamma_i^{t-k} [X_i^{\mathrm{T}}(t) Q_{1i} X_i(t) + u_i^{\mathrm{T}}(t) R_i u_i(t)], \end{aligned} \tag{4.10}$$

其中，$c_i(e_i(t), u_i(t)) = e_i^{\mathrm{T}}(t) Q_{1i} e_i(t) + u_i^{\mathrm{T}}(t) R_i u_i(t)$，为效用函数；$0 < \gamma_i \leq 1$，表示折扣因子；$Q_{ei}$，$R_i$ 为对称正定时不变矩阵，$Q_{1i} = (C_i \quad -I_p)^{\mathrm{T}} Q_{ei}(C_i \quad -I_p)$.

为了实现分布式最优跟踪控制，设计的控制律不仅需要使跟踪误差系统(4.8)稳定，还要保证性能指标函数(4.10)有界，即控制策略需要为容许控制. 在容许控制下，每个智能体对应的值函数为

$$V_i(X_i(k)) = X_i^{\mathrm{T}}(k) Q_{1i} X_i(k) + u_i^{\mathrm{T}}(k) R_i u_i(k) + \gamma_i V_i(X_i(k+1)). \tag{4.11}$$

定义 Hamiltonian 函数为

$$H_i(X_i(k), u_i(k)) = X_i^T(k)Q_{1i}X_i(k) + u_i^T(k)R_iu_i(k) \\ + \gamma_i V_i(X_i(k+1)) - V_i(X_i(k)). \quad (4.12)$$

根据最优性原理的一阶必要条件,可以得到

$$\frac{\partial H_i(X_i(k), u_i(k))}{\partial u_i(k)} = 2R_iu_i(k) + \gamma_i \left(\frac{\partial X_i(k+1)}{\partial u_i(k)}\right)^T \frac{\partial V_i(X_i(k+1))}{\partial X_i(k+1)}$$

$$= 2R_iu_i(k) + \gamma_i B_{1i}^T \frac{\partial V_i(X_i(k+1))}{\partial X_i(k+1)} = 0. \quad (4.13)$$

根据式(4.13)可以得到最优控制策略为

$$u_i(k) = -\frac{\gamma_i}{2} R_i^{-1} B_{1i}^T \frac{\partial V_i(X_i(k+1))}{\partial X_i(k+1)}. \quad (4.14)$$

从式(4.14)可以得到,为了获取最优控制策略存在两个需要解决的问题:①值函数 $V_i(X_i(k))$ 中包含内部状态 $x_i(k)$ 的信息,而 $x_i(k)$ 是不可测的,也即,可能得不到 $V_i(X_i(k))$ 的信息;②式(4.14)中包含偏微分项和包含系统的控制输入矩阵 B_i 信息的矩阵 B_{1i},而 B_i 在实际应用中很难或者不可能得到.

为了解决这两个问题,下一节基于历史输入/输出数据构建状态表示向量来解决第一个问题. 然后,结合状态表示向量,提出了基于 Q 函数的 ADP 方法通过逼近 $u_i(k)$ 的最优值以实现模型无关最优输出一致性控制.

4.3 利用可测数据的多智能体系统输出一致性控制

本节首先分析了利用历史输入/输出数据表示不可测内部状态量的可行性,然后表明利用历史输入/输出数据构建的状态表示向量可以重构增广系统(4.9). 结合状态表示向量以及 Q 函数显性包含控制输入的特性,提出了基于 Q 函数的 ADP 方法解决分布式最优跟踪控制问题,并对所提方法的收敛性进行了分析.

4.3.1 可测输入/输出数据的状态表示方法

本小节首先提出了关于状态表示的引理. 该引理表明,系统的内容状态是历史输入/输出数据的函数.

引理 4.2 如果假设 4.3 和假设 4.4 成立,那么增广系统(4.9)的状态量 $X_i(k)$ 为可测的历史输入/输出序列的函数,具体表示形式如下:

$$X_i(k) = W_i \bar{e}_i(k-1) + V_i \bar{u}_i(k-1), \quad (4.15)$$

其中,$\bar{e}_i(k-1)$ 表示从 $k-1$ 时刻到 $k-S_i$ 时刻跟随者 i 的输出跟踪误差,即

$$\bar{e}_i(k-1) = \begin{pmatrix} e_i(k-1) \\ e_i(k-2) \\ \vdots \\ e_i(k-S_i) \end{pmatrix} \in \mathbb{R}^{pS_i},$$

$\bar{u}_i(k-1)$ 表示从 $k-1$ 时刻到 $k-S_i$ 时刻跟随者 i 的输入序列，即

$$\bar{u}_i(k-1) = \begin{pmatrix} u_i(k-1) \\ u_i(k-2) \\ \vdots \\ u_i(k-S_i) \end{pmatrix} \in \mathbb{R}^{m_i S_i}, \quad W_i = T_i^S (\Phi_i^{\mathrm{T}} \Phi_i)^{-1} \Phi_i, \quad \Phi_i = \begin{pmatrix} C_{1i} T_i^{S_i-1} \\ \vdots \\ C_{1i} T_i \\ C_{1i} \end{pmatrix},$$

$$V_i = U_i - W_i D_i, \quad U_i = \begin{pmatrix} B_{1i} & T_i B_{1i} & \cdots & T_i^{S_i-1} B_{1i} \end{pmatrix},$$

$$D_i = \begin{pmatrix} 0 & C_{1i} B_{1i} & C_{1i} T_i B_{1i} & \cdots & C_{1i} T_i^{S_i-2} B_{1i} \\ 0 & 0 & C_{1i} B_{1i} & \cdots & C_{1i} T_i^{S_i-3} B_{1i} \\ \vdots & \vdots & \vdots & & \vdots \\ 0 & \cdots & \cdots & \cdots & C_{1i} B_{1i} \\ 0 & 0 & 0 & 0 & 0 \end{pmatrix}.$$

证明： 增广系统(4.9)可以表示为

$$\begin{aligned} X_i(k) &= T_i X_i(k-1) + B_{1i} u_i(k-1) \\ &= T_i^2 X_i(k-2) + T_i B_{1i} u_i(k-2) + B_{1i} u_i(k-1) \\ &\vdots \\ &= T_i^S X_i(k-S_i) + U_i \bar{u}_i(k-1). \end{aligned} \quad (4.16)$$

类似地，可以得到

$$\begin{aligned} e_i(k-1) &= C_{1i} X_i(k-1) \\ &= C_{1i} T_i^{S_i-1} X_i(k-S_i) + C_{1i} B_{1i} u_i(k-2) \\ &\quad + C_{1i} T_i B_{1i} u_i(k-3) + \cdots + C_{1i} T_i^{S_i-2} B_{1i} u_i(k-S_i). \end{aligned} \quad (4.17)$$

根据式(4.17)，可以得到

$$\bar{e}_i(k-1) = \Phi_i X_i(k-S_i) + D_i \bar{u}_i(k-1). \quad (4.18)$$

假设 Φ_i 为列满秩的，即 $\mathrm{Rank}(\Phi_i) = n_i + p$，则有，$\Phi_i$ 的左逆矩阵 L_i 存在，并且 $L_i = (\Phi_i^{\mathrm{T}} \Phi_i)^{-1} \Phi_i^{\mathrm{T}}$.

结合式(4.16)和式(4.18)，得到

$$X_i(k) = T_i^S L_i \bar{e}_i(k-1) + (U_i - T_i^S L_i D_i) \bar{u}_i(k-1), \quad (4.19)$$

其中，$T_i^S L_i = T_i (\Phi_i^{\mathrm{T}} \Phi_i)^{-1} \Phi_i^{\mathrm{T}} = W_i$，$U_i - T_i^S L_i D_i = U_i - W_i D_i = V_i$.

证毕.

注释 4.1 根据假设 4.3 和假设 4.4，每个跟随者对应的增广系统存在能观性指数 K_i. 对于 $S_i < K_i$，存在 $\text{Rank}(\Phi_i) < n_i + p$；对于 $S_i \geq K_i$，存在 $\text{Rank}(\Phi_i) = n_i + p$. 另外，$K_i$ 满足 $K_i p \geq n_i + p$. 因此，可以选择 $S_i \geq K_i$ 以实现 Φ_i 为列满秩矩阵.

根据引理 4.2，可以得到

$$X_i(k) = (W_i \quad V_i)(\vec{e}_i^T(k-1) \quad \vec{u}_i^T(k-1))^T = \Xi_i(\vec{e}_i^T(k-1) \quad \vec{u}_i^T(k-1))^T, \tag{4.20}$$

其中，$\Xi_i = (W_i \quad V_i)$.

根据式(4.20)，定义仅包含可测的输入/输出数据的状态表示向量为

$$\hat{X}_i(k) = (\vec{e}_i^T(k-1) \quad \vec{u}_i^T(k-1))^T. \tag{4.21}$$

由式(4.20)可知，Ξ_i 为常数矩阵. 因此，不可测的内部状态 $X_i(k)$ 可以利用状态表示向量 $\hat{X}_i(k)$ 进行表示.

下面的定理表明，利用定义的状态表示向量 $\hat{X}_i(k)$ 可以重构增广系统(4.19).

定理 4.1 利用仅包含可测的输入/输出序列的状态表示向量 $\hat{X}_i(k)$，增广系统(4.19)可以重构为

$$\begin{aligned} \hat{X}_i(k+1) &= \hat{T}_i \hat{X}_i(k) + \hat{B}_{1i} u_i(k), \\ e_i(k) &= \hat{C}_{1i} \hat{X}_i(k), \quad i = 1, 2, \cdots, N, \end{aligned} \tag{4.22}$$

其中，

$$\hat{T}_i = \begin{pmatrix} C_{1i} W_i & C_{1i} V_i \\ K_{ei} & O_{r_1 \times q_i^1} \\ O_{m_i \times pS_i} & O_{m_i \times q_i^1} \\ O_{q_i^2 \times r_2} & K_{fi} \end{pmatrix}, \quad \hat{B}_{1i} = \begin{pmatrix} O_{p \times m_i} \\ O_{r_1 \times m_i} \\ I_{m_i} \\ O_{q_i^2 \times m_i} \end{pmatrix}, \quad \hat{C}_{1i} = (C_{1i} W_i \quad C_{1i} V_i),$$

$r_1 = p(S_i - 1)$，$r_2 = pS_i$，$q_i^1 = m_i S_i$，$q_i^2 = m_i(S_i - 1)$，$K_{ei} = (I_{r_1} \quad O_{r_1 \times p})$，$K_{fi} = (I_{q_i^2} \quad O_{q_i^2 \times m_i})$，$O$ 表示零矩阵，其下标表示零矩阵的维度.

证明：根据式(4.21)，得到

$$\begin{aligned} \hat{X}_i(k+1) &= [e_i^T(k) \mid e_i^T(k-1) \cdots e_i^T(k-S_i+1) \mid u_i^T(k) \mid u_i^T(k-1) \cdots u_i^T(k-S_i+1)]^T \\ &= [e_i^T(k) \mid E_i^T(k-1) \mid u_i^T(k) \mid Y_i^T(k-1)]^T, \end{aligned} \tag{4.23}$$

其中，$E_i^T(k-1) = [e_i^T(k-1) \cdots e_i^T(k-S_i+1)]$，$Y_i^T(k-1) = [u_i^T(k-1) \cdots u_i^T(k-S_i+1)]$.

根据跟踪误差 $e_i(k)$ 的定义可知，

$$e_i(k) = y_i(k) - r_i(k) = (C_{1i}W_i \quad C_{1i}V_i)\hat{X}_i(k). \tag{4.24}$$

同样地,根据状态表示向量 $\hat{X}_i(k)$ 的定义可以得到:

$$E_i^{\mathrm{T}}(k-1) = (I_{r_1} \quad O_{r_1 \times p})\bar{e}_i(k-1) + O_{r_1 \times q_i}\bar{u}_i(k-1) = (K_e \quad O_{r_1 \times q_i})\hat{X}_i(k), \tag{4.25}$$

$$Y_i^{\mathrm{T}}(k-1) = O_{q_i^2 \times r_2}\bar{e}_i(k-1) + (I_{q_i^2} \quad O_{q_i^2 \times m_i})\bar{u}_i(k-1) = (O_{q_i^2 \times r_2} \quad K_y)\hat{X}_i(k), \tag{4.26}$$

$$u_i(k) = (O_{m_i \times pS_i} \quad O_{m_i \times q_i})\hat{X}_i(k). \tag{4.27}$$

由式(4.24)知,$\hat{C}_{1i} = (C_{1i}W_i \quad C_{1i}V_i)$. 结合式(4.24)~式(4.27),可得到 $\hat{T}_i$ 和 $\hat{B}_{1i}$.

证毕.

重构后的增广系统(4.22)的状态量为仅包含可测输入/输出序列的状态表示向量 $\hat{X}_i(k)$. 因此,系统(4.22)是完全可测的. 同时,式(4.22)也表明,跟踪误差 $e_i(k)$ 也可以用状态表示向量 $\hat{X}_i(k)$ 进行表示. 然而在系统(4.22)中,系统的模型参数是未知的,会影响分布式最优跟踪控制器的设计. 为了解决这个问题,下一小节提出了一种模型无关的 ADP 方法来实现分布式最优跟踪控制.

4.3.2 基于自适应动态规划的输出一致性控制方法

状态值函数仅考虑状态空间上的学习,而 Q 函数则同时考虑状态空间和动作空间. 因此,Q 函数描述更全面,因为它包含了关于每个状态下控制动作的信息. 借助 Q 函数,ADP 可以直接从系统轨迹数据中学习,而不需要系统动力学知识. 本节提出一种基于 Q 函数的迭代 ADP 方法,利用该方法可以使跟踪误差收敛到零. 同时,给出了该方法的收敛性分析和最优性证明.

令 $\pi_i(\hat{X}_i(k))$ 为任意的控制策略. 针对重构的增广系统(4.22),定义包含状态表示向量 $\hat{X}_i(k)$ 和控制输入 $u_i(k)$ 的 Q 函数为

$$Q_i^{\pi_i}(\hat{X}_i(k), u_i(k)) = c_i(e_i(k), u_i(k)) + \gamma_i V_i^{\pi_i}(\hat{X}_i(k+1)). \tag{4.28}$$

根据 $Q_i^{\pi_i}(\hat{X}_i(k), u_i(k))$ 和 $V_i^{\pi_i}(\hat{X}_i(k))$ 的定义可知

$$Q_i^{\pi_i}(\hat{X}_i(k), \pi_i(\hat{X}_i(k))) = V_i^{\pi_i}(\hat{X}_i(k)). \tag{4.29}$$

结合式(4.28)和式(4.29),得到

$$Q_i^{\pi_i}(\hat{X}_i(k), u_i(k)) = c_i(e_i(k), u_i(k)) + \gamma_i Q_i^{\pi_i}(\hat{X}_i(k+1), \pi_i(\hat{X}_i(k+1))). \tag{4.30}$$

由于 Q 函数对每个状态上所有可能的控制输入进行评估，可以通过最小化 Q 函数直接得到更好的控制策略，即

$$\pi_i'(\hat{X}_i(k)) = \arg\min_{u_i(k)\in \mathbb{A}_i} Q_i^{\pi_i}(\hat{X}_i(k), u_i(k)), \quad (4.31)$$

其中，$\mathbb{A}_i$ 表示跟随者 i 的动作空间。

结合式(4.28)和式(4.29)，得到如下的基于 Q 函数的迭代 ADP 算法。迭代 ADP 算法的整个过程如算法 4.1 所示，其中 l 表示迭代次数。

算法 4.1　基于 Q 函数的迭代 ADP 算法

初始化：对所有跟随者给定任意容许控制策略 $\pi_i^0(\cdot)$，并且 $Q_i^0(\hat{X}_i(k), u_i(k)) = 0$。

步骤一（Q 函数更新）：给定控制策略 $\pi_i^l(\cdot)$，通过如下迭代方程更新 Q 函数：

$$\begin{aligned}
Q_i^{l+1}(\hat{X}_i(k), u_i(k)) &= c_i(e_i(k), u_i(k)) + \gamma_i \min_{u_i(k+1)} Q_i^l(\hat{X}_i(k+1), u_i(k+1)) \\
&= c_i(e_i(k), u_i(k)) + \gamma_i Q_i^l(\hat{X}_i(k+1), \pi_i^l(\hat{X}_i(k+1))).
\end{aligned} \quad (4.32)$$

步骤二（策略改进）：通过求解如下方程进行策略改进：

$$\pi_i^{l+1}(\hat{X}_i(k)) = \arg\min_{u_i(k)\in \mathbb{A}_i} Q_i^{l+1}(\hat{X}_i(k), u_i(k)). \quad (4.33)$$

如果对于每个跟随者满足 $\|Q_i^{l+1}(\hat{X}_i(k), u_i(k)) - Q_i^l(\hat{X}_i(k), u_i(k))\| \leq \varepsilon$（$\varepsilon$ 为足够小的正数），那么迭代过程停止；否则，重复步骤一和步骤二。

下面定理表明，通过上述迭代算法得到的 Q 函数是单调非递减的，且随着迭代学习的进行，每个跟随者的 Q 函数和控制策略将会收敛到最优值。

定理 4.2　对所有跟随者给定 $Q_i^0(\hat{X}_i(k), u_i(k)) = 0$ 和任意的初始容许控制策略 $\pi_i^0(\hat{X}_i(k))$，通过式(4.32)和式(4.33)迭代计算 $Q_i^l(\hat{X}_i(k), u_i(k))$ 和 $\pi_i^l(\hat{X}_i(k))$。那么可以得到 $\{Q_i^l(\hat{X}_i(k), u_i(k))\}_{l=0}^{\infty}$ 为单调非递减序列，并且当 $l \to \infty$ 时，$Q_i(\hat{X}_i(k), u_i(k))$ 和 π_i 均会收敛到最优值 $Q_i^*(\hat{X}_i(k), u_i(k))$ 和 π_i^*。

证明：首先证明 $\{Q_i^l(\hat{X}_i(k), u_i(k))\}_{l=0}^{\infty}$ 为单调非递减序列，即

$$Q_i^{l+1}(\hat{X}_i(k), u_i(k)) \geq Q_i^l(\hat{X}_i(k), u_i(k)). \quad (4.34)$$

令 μ_i 为跟随者 i 的任意控制策略，定义对应的 Q 函数为

$$\vartheta_i^{l+1}(\hat{X}_i(k), u_i(k)) = c_i(e_i(k), u_i(k)) + \gamma_i \vartheta_i^l(\hat{X}_i(k+1), \mu_i^l(\hat{X}_i(k+1))), \quad (4.35)$$

其中，$\vartheta_i^0(\hat{X}_i(k), u_i(k)) = 0$.

由于 $Q_i^0(\hat{X}_i(k), u_i(k)) = \vartheta_i^0(\hat{X}_i(k), u_i(k)) = 0$，且式(4.35)中没有涉及寻找最小 Q 值这一步骤. 那么，根据式(4.32)和式(4.33)，下面的不等式成立：

$$\vartheta_i^l(\hat{X}_i(k), u_i(k)) \geqslant Q_i^l(\hat{X}_i(k), u_i(k)). \tag{4.36}$$

假设 $\mu_i^l(\hat{X}_i(k)) = \pi_i^{l+1}(\hat{X}_i(k))$，则有

$$\vartheta_i^{l+1}(\hat{X}_i(k), u_i(k)) = c_i(e_i(k), u_i(k)) + \gamma_i \vartheta_i^l(\hat{X}_i(k+1), \pi_i^{l+1}(\hat{X}_i(k+1))). \tag{4.37}$$

下面将采用数学归纳法进行证明，当 $Q_i^0(\hat{X}_i(k), u_i(k)) = \vartheta_i^0(\hat{X}_i(k), u_i(k)) = 0$ 时，$Q_i^{l+1}(\hat{X}_i(k), u_i(k)) \geqslant \vartheta_i^l(\hat{X}_i(k), u_i(k))$ 成立.

由 $Q_i^0(\hat{X}_i(k), u_i(k)) = \vartheta_i^0(\hat{X}_i(k), u_i(k)) = 0$，可以得到

$$Q_i^1(\hat{X}_i(k), u_i(k)) - \vartheta_i^0(\hat{X}_i(k), u_i(k)) = c_i(e_i(k), u_i(k)) \geqslant 0. \tag{4.38}$$

根据式(4.38)，可以得到

$$Q_i^1(\hat{X}_i(k), u_i(k)) \geqslant \vartheta_i^0(\hat{X}_i(k), u_i(k)). \tag{4.39}$$

假设 $Q_i^l(\hat{X}_i(k), u_i(k)) \geqslant \vartheta_i^{l-1}(\hat{X}_i(k), u_i(k))$ 成立，则有

$$Q_i^l(\hat{X}_i(k+1), \pi_i^l(\hat{X}_i(k+1))) \geqslant \vartheta_i^{l-1}(\hat{X}_i(k+1), \pi_i^l(\hat{X}_i(k+1))). \tag{4.40}$$

根据式(4.32)、式(4.37)及式(4.40)可知，下面不等式成立：

$$Q_i^{l+1}(\hat{X}_i(k), u_i(k)) - \vartheta_i^l(\hat{X}_i(k), u_i(k))$$
$$= \gamma_i [Q_i^l(\hat{X}_i(k+1), \pi_i^l(\hat{X}_i(k+1))) - \vartheta_i^{l-1}(\hat{X}_i(k+1), \pi_i^l(\hat{X}_i(k+1)))] \geqslant 0. \tag{4.41}$$

结合式(4.36)和式(4.41)可知，不等式(4.34)成立，即 $\{Q_i^l(\hat{X}_i(k), u_i(k))\}_{l=0}^{\infty}$ 为单调非递减序列.

下面将证明当 $l \to \infty$ 时，$Q_i(\hat{X}_i(k), u_i(k))$ 和 π_i 均会收敛到最优值.

根据式(4.34)，可以得到

$$Q_i^l(\hat{X}_i(k), \pi_i^{l+1}(\hat{X}_i(k))) \leqslant Q_i^{l+1}(\hat{X}_i(k), \pi_i^{l+1}(\hat{X}_i(k))). \tag{4.42}$$

则有

$$Q_i^l(\hat{X}_i(k), \pi_i^{\infty}(\hat{X}_i(k))) \leqslant Q_i^{\infty}(\hat{X}_i(k), \pi_i^{\infty}(\hat{X}_i(k)))$$
$$= \min_{u_i(k)} \{c_i(e_i(k), u_i(k)) + \gamma_i Q_i^{\infty}(\hat{X}_i(k+1), \pi_i^{\infty}(\hat{X}_i(k+1)))\}. \tag{4.43}$$

在式(4.43)中，令 $l \to \infty$，得到

$$Q_i^{\infty}(\hat{X}_i(k), \pi_i^{\infty}(\hat{X}_i(k))) \leqslant \min_{u_i(k)}\{c_i(e_i(k), u_i(k)) + \gamma_i Q_i^{\infty}(\hat{X}_i(k+1), \pi_i^{\infty}(\hat{X}_i(k+1)))\}. \tag{4.44}$$

同时，根据式(4.31)和式(4.32)，可以得到

$$Q_i^l(\hat{X}_i(k), \pi_i^l(\hat{X}_i(k))) = \min_{u_i(k)}\{c_i(e_i(k), u_i(k)) + \gamma_i Q_i^{l-1}(\hat{X}_i(k+1), \pi_i^{l-1}(\hat{X}_i(k+1)))\}. \tag{4.45}$$

结合式(4.42)和式(4.45)，得到

$$Q_i^{\infty}(\hat{X}_i(k), \pi_i^l(\hat{X}_i(k))) \geqslant \min_{u_i(k)}\{c_i(e_i(k), u_i(k)) + \gamma_i Q_i^{l-1}(\hat{X}_i(k+1), \pi_i^{l-1}(\hat{X}_i(k+1)))\}. \tag{4.46}$$

在式(4.46)中，令 $l \to \infty$，得到

$$Q_i^{\infty}(\hat{X}_i(k), \pi_i^{\infty}(\hat{X}_i(k))) \geqslant \min_{u_i(k)}\{c_i(e_i(k), u_i(k)) + \gamma_i Q_i^{\infty}(\hat{X}_i(k+1), \pi_i^{\infty}(\hat{X}_i(k+1)))\}. \tag{4.47}$$

结合式(4.44)和式(4.47)，得到

$$Q_i^{\infty}(\hat{X}_i(k), \pi_i^{\infty}(\hat{X}_i(k))) = \min_{u_i(k)}\{c_i(e_i(k), u_i(k)) + \gamma_i Q_i^{\infty}(\hat{X}_i(k+1), \pi_i^{\infty}(\hat{X}_i(k+1)))\}. \tag{4.48}$$

假设 μ_i 为跟随者 i 的任意容许控制策略，根据 Q 函数的定义(4.35)以及容许控制的定义可知，存在上界 M_i，对任意的 l 下列不等式成立：

$$\vartheta_i^{l+1}(\hat{X}_i(k), u_i(k)) \leqslant M_i. \tag{4.49}$$

结合式(4.36)和式(4.49)，可以得到对任意的 l 下列不等式成立：

$$Q_i^l(\hat{X}_i(k), u_i(k)) \leqslant M_i. \tag{4.50}$$

由上式可知，$Q_i^{\infty}(\hat{X}_i(k), u_i(k))$ 存在上界 M_i。另外，式(4.48)满足 Bellman 最优性原理。因此，可以得到当 $l \to \infty$ 时，$Q_i(\hat{X}_i(k), u_i(k))$ 和 π_i 均会收敛到最优值。

证毕。

4.4 迭代自适应动态规划算法的实现

本节采用基于值函数近似的评价-执行网络结构实现了基于 Q 函数的迭代 ADP 方法。评价网络执行 Q 函数值更新(4.32)以逼近最优 Q 函数，执行网络进行控制策略更

新(4.33)以逼近最优控制策略.

每个跟随者的 Q 函数 $Q_i(\hat{X}_i(k), u_i(k))$ 采用评价网络来近似表示. 评价网络的输入为 $z_{ci}(k) = [\hat{X}_i^{\mathrm{T}}(k), \hat{u}_i^{\mathrm{T}}(k)]^{\mathrm{T}}$. 对于线性系统而言, Q 函数可以表示为状态量 $\hat{X}_i(k)$ 和控制量 $u_i(k)$ 的二次型形式[51]. 因此, 选择包含 $\hat{X}_i(k)$ 和 $u_i(k)$ 的二次型基底集合以构建评价网络. 评价网络的输出为

$$\hat{Q}_i(z_{ci}(k)) = W_{ci}^{\mathrm{T}} \varphi_{ci}(z_{ci}(k)), \quad (4.51)$$

其中, W_{ci} 表示评价网络的权值, 二次型基底 $\varphi_{ci}(z_{ci}(k))$ 为

$$\varphi_{ci}(z_{ci}(k)) = [z_{ci,1}^2(k) z_{ci,1}(k) z_{ci,2}(k) \cdots z_{ci,2}^2(k) z_{ci,2}(k) z_{ci,3}(k) \cdots z_{ci,j}^2(k)]^{\mathrm{T}},$$

其中, j 表示 $z_{ci}(k)$ 的维度.

评价网络输出的目标值由式(4.32)给定, 描述如下:

$$\tilde{Q}_i(z_{ci}(k)) = c_i(e_i(k), \hat{u}_i(k)) + \gamma_i \hat{Q}_i(z_{ci}(k+1)). \quad (4.52)$$

评价网络的逼近误差定义为

$$e_{ci}(k) = \tilde{Q}_i(z_{ci}(k)) - \hat{Q}_i(z_{ci}(k)) = \tilde{Q}_i(z_{ci}(k)) - W_{ci}^{\mathrm{T}} \varphi_{ci}(z_{ci}(k)), \quad (4.53)$$

评价网络的损失函数定义为平方逼近误差, 即

$$E_{ci}(k) = \frac{1}{2} e_{ci}^{\mathrm{T}}(k) e_{ci}(k) = \frac{1}{2} \| \tilde{Q}_i(z_{ci}(k)) - W_{ci}^{\mathrm{T}} \varphi_{ci}(z_{ci}(k)) \|_2^2. \quad (4.54)$$

采用基于梯度下降方法的评价网络权值更新规则以最小化损失函数(4.54),

$$\begin{aligned}
W_{ci}^{l+1,\mathrm{T}} &= W_{ci}^{l,\mathrm{T}} - \beta_{ci} \left[\frac{\partial E_{ci}(k)}{\partial W_{ci}^{l,\mathrm{T}}} \right] \\
&= W_{ci}^{l,\mathrm{T}} - \beta_{ci} \frac{\partial E_{ci}(k)}{\partial e_{ci}(k)} \frac{\partial e_{ci}(k)}{\partial W_{ci}^{l,\mathrm{T}}} \\
&= W_{ci}^{l,\mathrm{T}} - \beta_{ci} (\tilde{Q}_i(z_{ci}(k)) - W_{ci}^{l,\mathrm{T}} \varphi_{ci}(z_{ci}(k))) \varphi_{ci}^{\mathrm{T}}(z_{ci}(k)),
\end{aligned} \quad (4.55)$$

其中, $\beta_{ci} > 0$ 表示跟随者 i 评价网络的学习率, l 表示迭代次数.

执行网络用来逼近控制策略, 其输入为系统的状态表示向量 $\hat{X}_i(k)$, 输出为

$$\hat{u}_i(k) = W_{ai}^{\mathrm{T}} \hat{X}_i(k), \quad (4.56)$$

其中, W_{ai} 表示执行网络的权值.

定义执行网络的逼近误差为

$$e_{ai}(k) = \hat{u}_i(k) - \tilde{u}_i(k) = W_{ai}^{\mathrm{T}} \hat{X}_i(k) - \tilde{u}_i(k), \quad (4.57)$$

其中, $\tilde{u}_i(k)$ 表示执行网络输出的目标值.

目标控制策略通过最小化评价网络的输出得到，即

$$\begin{aligned}\tilde{u}_i(k) &= \arg\min_{u_i(k)\in A_i} \hat{Q}_i(\hat{X}_i(k), u_i(k)) \\ &= \arg\min_{u_i(k)\in A_i} W_{ci}^{\mathrm{T}} \varphi_{ci}(z_{ci}(k)).\end{aligned} \quad (4.58)$$

和评价网络类似，定义执行网络的损失函数为

$$E_{ai}(k) = \frac{1}{2} e_{ai}^{\mathrm{T}}(k) e_{ai}(k). \quad (4.59)$$

采用梯度下降方法进行权值更新规则以最小化损失函数(4.59)，

$$\begin{aligned}W_{ai}^{l+1,\,\mathrm{T}} &= W_{ai}^{l,\,\mathrm{T}} - \beta_{ai}\left[\frac{\partial E_{ai}(k)}{\partial W_{ai}^{l,\,\mathrm{T}}}\right] \\ &= W_{ai}^{l,\,\mathrm{T}} - \beta_{ai}\frac{\partial E_{ai}(k)}{\partial e_{ai}(k)}\frac{\partial e_{ai}(k)}{\partial W_{ai}^{l,\,\mathrm{T}}} \\ &= W_{ai}^{l,\,\mathrm{T}} - \beta_{ai}(W_{ai}^{\mathrm{T}}\hat{X}_i(k) - \tilde{u}_i(k))\hat{X}_i^{\mathrm{T}}(k),\end{aligned} \quad (4.60)$$

其中，$\beta_{ai} > 0$ 表示跟随者 i 评价网络的学习率，l 表示迭代次数.

算法 4.2 展示了基于 Q 函数的评价-执行网络算法权值的更新步骤.

算法 4.2 基于 Q 函数的评价-执行网络算法的在线优化

Initialization($\forall i$, $i = 1, 2, \cdots, N$)

W_{ci}^0：初始的评价网络参数

W_{ai}^0：初始的容许执行网络参数

β_{ci}，β_{ai}：评价网络和执行网络的学习率

Q_i，R_i：正定矩阵

ε：阈值

$\hat{X}_i(0)$：初始状态表示向量

End initialization

令 $k = 0$，$l = 0$.

Repeat

计算控制策略 $\hat{u}_i(k) \leftarrow (4.56)$

计算 Q 函数 $\hat{Q}_i(z_{ci}(k)) \leftarrow (4.51)$

得到下一时刻状态表示向量 $\hat{X}_i(k+1) \leftarrow (4.64)$

续表

算法 4.2 基于 Q 函数的评价-执行网络算法的在线优化

　　计算下一时刻输出跟踪误差 $e_i(k+1) = y_i(k+1) - r_0(k+1)$

　　计算下一时刻控制策略 $\hat{u}_i(k+1) \leftarrow (4.56)$

　　计算 Q 函数 $\hat{Q}_i(z_{ci}(k+1)) \leftarrow (4.51)$

　　更新评价网络权值 $W_{ci}^{l+1} \leftarrow (4.55)$

　　更新执行网络权值 $W_{ai}^{l+1} \leftarrow (4.60)$

Until $\left(\sum_{i=1}^{N} \| W_{ci}^{l+1} - W_{ci}^{l} \| / N \leqslant \varepsilon;\ 否则\ k = k+1,\ l = l+1 \right)$

Return $(W_{ci},\ W_{ai},\ \forall i = 1, 2, \cdots, N)$

注释 4.2　式(4.58)中的目标控制策略 $\tilde{u}_i(k)$ 可以通过求解 $\partial W_{ci}^{\mathrm{T}} z_{ci}(k) / \partial u_i(k) = 0$ 得到，Q 函数的表示式(4.51)中显性地包含控制输入，因此在求取目标控制策略时不需要已知系统的模型信息.

4.5　仿　真　实　验

本节给出了仿真实例，验证了提出的模型无关异构多智能体系统输出一致性算法的有效性.

考虑包含三个跟随者和一个领航者的离散时间线性异构多智能体系统. 多智能体系的交互拓扑图如图 4.1 所示，其拉普拉斯矩阵为

$$L = \begin{pmatrix} 1 & 0 & -1 \\ -1 & 1 & 0 \\ 0 & -1 & 1 \end{pmatrix}.$$

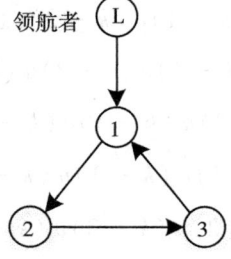

图 4.1　包含 3 个跟随者和 1 个领航者的多智能体系统交互拓扑图

领航者的动态方程为

$$r_0(k+1) = -r_0(k). \tag{4.61}$$

三个跟随者的动态方程如式(4.1),系统参数如下:

$$A_1 = \begin{pmatrix} 0 & 1 \\ -1 & 0 \end{pmatrix}, \quad B_1 = \begin{pmatrix} 0 \\ 2 \end{pmatrix}, \quad C_1 = (1 \quad 0),$$

$$A_2 = \begin{pmatrix} 0 & 1 & 0 \\ 0 & 0 & 1 \\ -0.2 & 0.2 & 1.1 \end{pmatrix}, \quad B_2 = \begin{pmatrix} 1 \\ 1 \\ 1 \end{pmatrix}, \quad C_2 = (0 \quad 0 \quad 1),$$

$$A_3 = \begin{pmatrix} 2 & 1 \\ 0 & 3 \end{pmatrix}, \quad B_3 = \begin{pmatrix} 0 \\ 1 \end{pmatrix}, \quad C_3 = (1.5 \quad 0).$$

由注释 4.1 可知,每个跟随者对应的增广系统的能观性指数分别为 $K_1 = K_3 = 3$, $K_2 = 4$. 因此,可以选择 $S_1 = S_3 = 3$, $S_2 = 4$ 来构建系统的状态表示向量. 每个跟随者的状态表示向量设计如下,其中,$e_i(k) = y_i(k) - r_i(k)$.

$\hat{X}_1(k) = [e_1^T(k-1), e_1^T(k-2), e_1^T(k-3), u_1^T(k-1), u_1^T(k-2), u_1^T(k-3)]^T$,

$\hat{X}_2(k) = [e_2^T(k-1), e_2^T(k-2), e_2^T(k-3), e_2^T(k-4), u_2^T(k-1), u_2^T(k-2),$
$u_2^T(k-3), u_2^T(k-4)]^T$,

$\hat{X}_3(k) = [e_3^T(k-1), e_3^T(k-2), e_3^T(k-3), u_3^T(k-1), u_3^T(k-2), u_3^T(k-3)]^T$.

在分布式自适应观测器的设计中,经过多次实验,选择对应的式(4.4)和式(4.5)的参数分别为:$\alpha = 0.35$,$\xi = 0.01$,$c = -1$. 图 4.2 显示了每个跟随者对应的分布式自适应观测器输出与领航者输出的误差,可以看到误差逐渐收敛到零. 图 4.2 表明,通过设计分布式观察器,每个跟随者均可以观测到领航者的输出.

式(4.10)中的权值矩阵设置为 $Q_{e1} = Q_{e2} = Q_{e3} = 20$,$R_1 = R_2 = R_3 = 1$. 每个跟随者的折扣因子均选择为 $\gamma_i = 0.8$,$i = 1, 2, 3$. 评价网络的二次型基底选择如下:

$\phi_{ci}(z_{ci}(k)) = [e_i^2(k-1) e_i(k-1)e_i(k-2) e_i(k-1)e_i(k-3) e_i(k-1)u_i(k-1)$
$\quad e_i(k-1)u_i(k-2) e_i(k-1)u_i(k-3) e_i(k-1)u_i(k) e_i^2(k-2) e_i(k-2)$
$\quad e_i(k-3) e_i(k-2)u_i(k-1) e_i(k-2)u_i(k-2) e_i(k-2)u_i(k-3) e_i(k-2)$
$\quad u_i(k) e_i^2(k-3) e_i(k-3)u_i(k-1) e_i(k-3)u_i(k-2) e_i(k-3)u_i(k-3)$
$\quad e_i(k-3)u_i(k) u_i^2(k-1) u_i(k-1)u_i(k-2) u_i(k-1)u_i(k-3) u_i(k-1)$
$\quad u_i(k) u_i^2(k-2) u_i(k-2)u_i(k-3) u_i(k-2)u_i(k) u_i^2(k-3) u_i(k-3)$
$\quad u_i(k) u_i^2(k)]^T$, $i = 1, 3$.

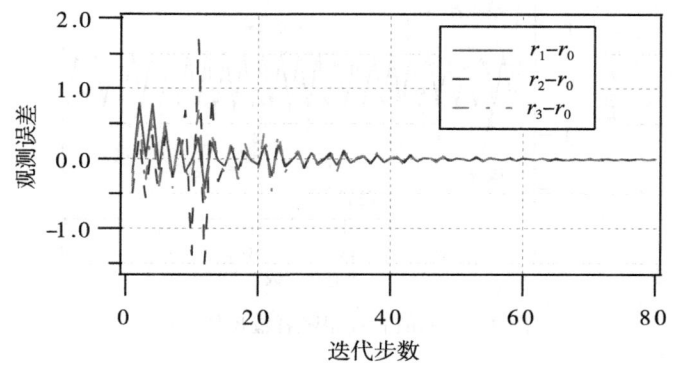

图 4.2　分布式自适应观测器的观测误差

为了简单起见，这里省略了跟随者 2 的二次型基底的表达式.

评价网络和执行网络的学习率为 $\beta_{ci}=\beta_{ai}=0.1$，$i=1,2,3$，收敛阈值设置为 $\varepsilon=10^{-4}$. 评价网络初始权值设置为 0，以保证初始 Q 函数为 0. 领航者初始值设置为 $r_0(0)=0.5$，三个跟随者的初始状态在 $(0,1)$ 进行随机选择.

三个跟随者对应的 Q 函数的轨迹随迭代次数的变化如图 4.3 所示. 结果表明，三个跟随者对应的 Q 函数在迭代过程中收敛. 同时，由图 4.3 还可看出，Q 函数是一个非递减序列，验证了定理 4.2 的正确性. 图 4.4 展示了跟随者和领航者输出的轨迹，三个跟随者的输出最终实现了对领航者输出轨迹的跟踪. 三个跟随者的最优控制输入轨迹如图 4.5 所示. 实验结果验证了所提方法的有效性.

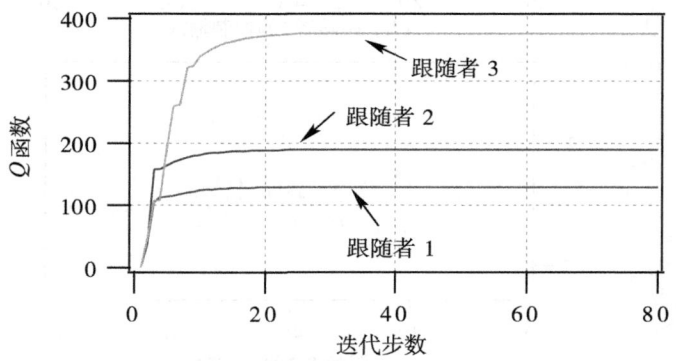

图 4.3　Q 函数随迭代步数的变化曲线

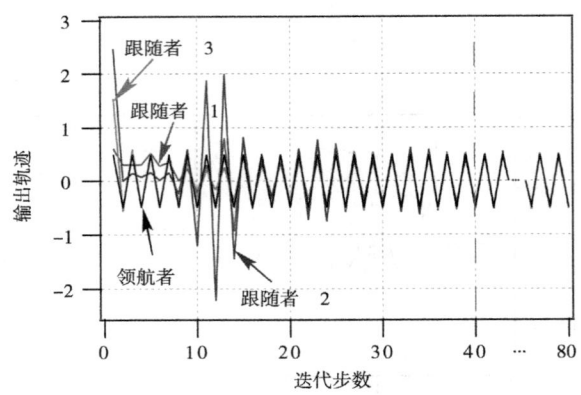

图 4.4 领航者和跟随者输出轨迹图

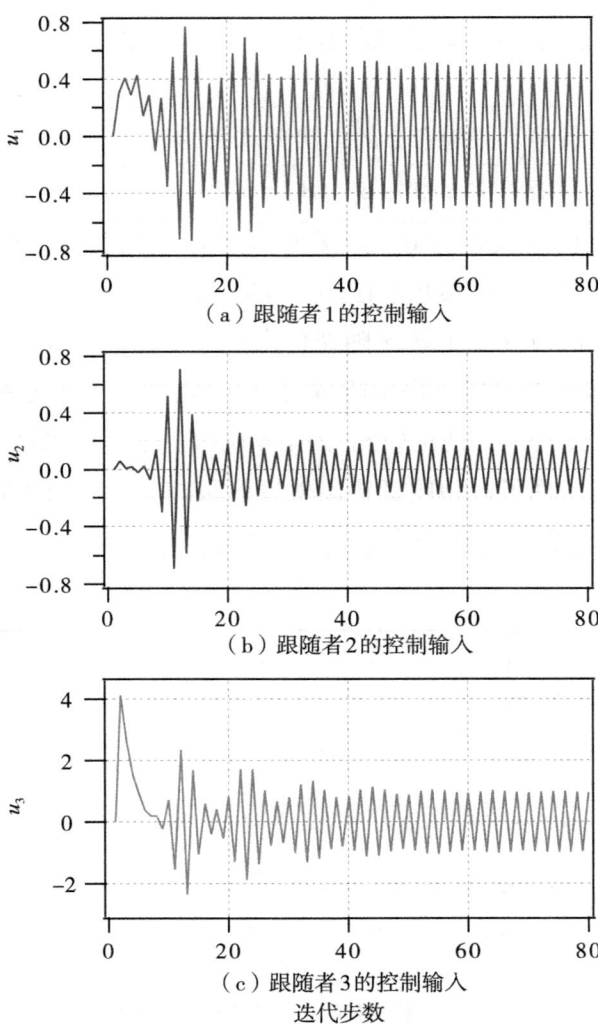

(a) 跟随者1的控制输入

(b) 跟随者2的控制输入

(c) 跟随者3的控制输入

迭代步数

图 4.5 跟随者控制输入的轨迹图

4.6 本章小结

本章对异构多智能体系统的输出一致性控制展开了研究，并考虑了智能体系统内部状态不可观情况．首先，利用模型无关的分布式自适应观测器将多智能体系统的最优输出一致性控制问题转换为分布式最优输出跟踪控制问题．然后，通过构建增广系统对实现分布式最优跟踪控制存在的难点问题进行了分析，主要包括：需要知道系统内部状态信息；需要已知系统的模型信息．为解决上述两个难点问题，提出了如下的解决方案：

（1）利用可测的输入/输出数据表示系统内部状态，对增广系统中不可测的系统状态进行等价替换．在表示状态的基础上，重构了增广系统．

（2）在重构的增广系统的基础上，结合表示状态定义了 Q 函数，提出了一种直接利用输入/输出数据进行迭代计算的基于 Q 函数的 ADP 方法，实现了模型无关的分布式最优跟踪控制．

将以上两种方案相结合，形成了针对部分可观模型未知情况下的多智能体系统最优输出一致性控制方法．为了实现该方法，引入了评价-执行网络结构．最后通过仿真实验对所提方法的有效性进行了验证．所提方法仅使用可观测的历史输入/输出数据，实现了模型未知部分可观环境下线性异构多智能体系统最优输出一致性控制．

第5章 基于高斯过程回归的双阶段值迭代评价网络设计方法

5.1 引　言

选择合适的值函数逼近方法构建评价网络对 ADP 方法性能有着重要的影响. 前面三章主要借助参数化回归方法，包括多项式回归和神经网络，来拟合和泛化值函数. 但参数化回归方法需要根据被控对象的特性预先选择结构或特征，否则很容易出现过拟合或泛化能力不足的问题，这也造成参数化回归模型应用于评价网络设计时，需要相关的先验知识. 相比之下，非参数化回归方法可以根据采集数据调整自身结构或特征，能够更好地应用于被控对象未知的情况. 同时，文献[143]证明了非参数化回归方法——核方法在强化学习过程中的一致收敛性.

但是，传统的基于核方法的评价网络设计在进行值函数学习时，影响值函数模型的超参数在学习过程中保持不变. 如果初始超参数选择不合理，学习过程将从错误的超参数假设空间开始，从而无法逼近真实的值函数，甚至会导致学习失败. 传统的基于核方法的评价网络设计会对最终获得的控制器的性能产生影响.

高斯过程回归作为一种非参数化回归模型，从概率统计的角度解释回归问题. 不仅可以输出目标值的期望，还可以得到不确定性[154]. 同时，高斯过程的超参数可以采用极大似然估计方法来优化，通过优化超参数可以达到优化值函数模型的目的. 如果在值函数学习过程中超参数也同时进行优化，那么学习得到的值函数将会更加准确.

本章基于高斯过程回归设计评价网络，从值函数逼近和超参数优化两个方面同时进行评价网络的更新. 首先，分析了值函数逼近和超参数优化两者之间的耦合关系. 然后，为解除两者之间的耦合关系，设计了同时进行值函数逼近和超参数优化的双阶段值迭代算法，并对算法的收敛性进行了分析，得到了双阶段值迭代算法的收敛条件. 最后，将双阶段值迭代算法与经典的基于高斯过程回归的 GPSARSA 算法[148]和基于核方法的评价网络设计方法 KHDP 算法[139]进行对比，说明了所提算法的适用性和优越性. 同时，将所提算法应用于多智能体系统最优一致性控制并与文献[94]中基于神经网络的评价网络设计方法进行了对比,验证了算法的有效性和优越性.

5.2 基于高斯过程回归的评价网络设计

高斯过程是近年来在机器学习领域发展起来的一种新的函数逼近方法. 基于高斯过程的回归方法是一种基于非参数化贝叶斯回归框架的核函数方法,它具有生成的优化函数是凸函数(无局部极小值)的优点. 能够将低维的输入数据映射到无穷维特征空间中,同样可以运用核技巧进行优化计算. 同时,高斯过程回归允许在逼近未知函数时进行适当的不确定性处理[155].

高斯过程是高斯分布在函数空间上延拓,通过均值函数 $m(s)$ 和协方差函数 $k(s, s')$(在非参数化回归中也称核函数)来描述. 一般选择平方指数函数作为高斯过程的协方差函数:

$$k(s_p, s_q) = v_1 \exp\left[-\frac{1}{2}(s_p - s_q)^T \Lambda^{-1}(s_p - s_q)\right], \tag{5.1}$$

其中,$\Lambda = \mathrm{diag}(w_1, w_2, \cdots, w_n)$ 表示长度因子(length-scale parameters),n 表示 s 的维度,v_1 表示高斯过程中单变量的方差.

给定一个来自连续动态系统的状态-动作对样本集及其对应的 Q 函数 $\{S_L, Y\}$,其中,S_L 对应状态-动作对 $[(x_1, u_1), \cdots, (x_L, u_L)]$ 的集合,$s_l = (x_l, u_l)$,$s_l \in S_L$,$x_l \in \mathbb{R}^n$,$u_l \in \mathbb{R}^m$,Y 为对应的 Q 函数向量,$Y = Q(X_L) + \varepsilon$,$\varepsilon \sim N(0, v_0)$,$v_0$ 为观测噪声的方差. 高斯超参数 $\theta = (w_1, \cdots, w_n, v_0, v_1)^T$,$\theta$ 包含 Λ,v_0 和 v_1 的信息. 对任意给定的状态-动作对 $s = (x, u)$,Q 函数的预测值满足高斯分布,均值和方差为:

$$E[Q(s)] = K(s, S_L) K_L^{-1} Y, \tag{5.2}$$

$$\mathrm{var}[Q(s)] = k(s, s) - K^T(S_L, s) K_L^{-1} K(S_L, s), \tag{5.3}$$

其中,$K(S_L, s) = [k(s, s_1), k(s, s_2), \cdots, k(s, s_L)]^T$ 表示任意状态-动作对 s' 与样本集中样本点的协方差向量,$K_L = K(S_L, S_L) + v_0 I$,$K(S_L, S_L)$ 为协方差矩阵,I 表示相应维度的单位矩阵,由协方差函数计算得到. 协方差矩阵的表达式如下:

$$K(S_L, S_L) = \begin{pmatrix} k(s_1, s_1) & k(s_1, s_2) & \cdots & k(s_1, s_L) \\ k(s_2, s_1) & k(s_2, s_2) & \cdots & k(s_2, s_L) \\ \vdots & \vdots & & \vdots \\ k(s_L, s_1) & k(s_L, s_2) & \cdots & k(s_L, s_L) \end{pmatrix}.$$

极大似然估计(maximum likelihood estimation,MLE)是求解最优超参数的常用方法. 关于高斯过程超参数的对数极大似然函数表示为

$$L(\theta) = -\frac{1}{2}Y^{\mathrm{T}}K_L^{-1}Y - \frac{1}{2}\log|K_L| - \frac{c}{2}\log 2\pi, \tag{5.4}$$

其中, $c = n + m$.

通过求解下列方程可以得到最优超参数:

$$\frac{\partial L(\theta)}{\partial \theta_i} = -\frac{1}{2}\mathrm{tr}\left[K_L^{-1}\frac{\partial K_L}{\partial \theta_i}\right] + \frac{1}{2}Y^{\mathrm{T}}K_L^{-1}\frac{\partial K_L^{-1}}{\partial \theta_i}K_L^{-1}Y = 0, \tag{5.5}$$

其中, $\mathrm{tr}[\cdot]$ 表示矩阵的迹, θ_i 为超参数 θ 中的第 i 个元素.

根据以上推导可知, 高斯过程回归不仅可以预测相应点的期望值 $E[Q(s)]$, 还可以给出预测的不确定性 $\mathrm{var}[Q(s)]$. 同时, 影响高斯过程的超参数可以通过极大似然估计方法进行优化.

5.3 问题描述

由于评价网络是基于高斯过程回归构建的, 式(5.2)中的样本值函数 Y 为对应样本集中样本的 Q 函数. 因此, 评价网络的性能主要依赖构建良好的样本集以得到准确的样本值函数 Y. 可以采用 Q 学习方法[156]逼近样本值函数 Y.

令 Y_t 为样本值函数 Y 在 t 时刻的逼近值, 根据式(5.2)可以得到 $Y_t = Q_t(X_L)$. 如果下列条件得到满足:

条件 1 高斯过程的超参数是已知的(超参数会影响矩阵 K_L 和 K);

条件 2 样本集中的样本是进行充分选择的, 从而保证高斯过程回归的方差被限制在一个相对较小的范围内;

条件 3 样本集中样本的状态量 $x_l \in \mathbb{R}^n$ 可以被无限次访问.

那么, 样本集中每个样本的 Q 函数可以利用 Q 学习的迭代方法进行逼近学习,

$$Q_{t+1}(s_l) = (1 - \eta_t)Q_t(s_l) + \eta_t[r_t + \beta V_t(x'_l)], \tag{5.6}$$

其中, $s_l \in S_L$ 表示样本集中的状态-动作对 $s_l = (x_l, u_l)$, r_t 表示即时奖励, η_t 为学习率, β 为折扣因子, $V_t(x'_l) = \max_u Q_t(x'_l, u)$, x'_l 表示状态-动作对 (x_l, u_l) 的下一个状态.

然而, 由于上述三个条件需要得到满足, 导致如何得到"准确的样本函数 Y"是一个相当困难的问题.

首先, 当 ACD 算法应用于连续空间的在线学习时, 条件 3 很难满足.

如果用任意的状态-动作对 $s = (x, u)$ 替换式(5.7)中样本集中的状态-动作对 s_l, 同时利用高斯过程回归式(5.2)表示 Q 函数, 则有

$$K(s, S_L)K_L^{-1}Y_{t+1} = (1 - \eta_t)K(s, S_L)K_L^{-1}Y_t + \eta_t[r_t + \beta V(x')]. \tag{5.7}$$

其中, x' 表示状态-动作对 (x, u) 的下一个状态.

迭代方程(5.7)表明,在连续空间的学习过程中,当任意的状态 x 被访问时,所有的 Q 函数 Y_{t+1} 都有可能被更新.这个过程可以看作一种基于信度分配(credit assignment)的迭代过程,从而规避了条件 3 的约束.然而,即使上面的迭代过程(5.7)是收敛的,前提条件是必须知道核函数 $K(s, S_L)$ 和 K_L,即必须满足条件 1.

接下来讨论条件 2. 近似线性依赖(approximately linear dependence,ALD)稀疏化方法[157]表明,如果核函数的超参数已知(条件 1 满足),利用 ALD 方法会得到满足均匀分布的样本集.虽然均匀分布的样本集不一定是最优的,但 ALD 稀疏化方法可以作为构建样本集的一种有效方法.

因此,条件 1 显然是关键.这意味着基于高斯过程回归的强化学习算法在进行迭代学习之前,需要选择合适的超参数.为了说明超参数对高斯过程回归模型的影响,考虑关于 $\tilde{y} = \sin(3\tilde{x}) + \varepsilon$,$\varepsilon \sim N(0, 0.8)$ 的一维非线性回归问题.

由 $\tilde{y} = \sin(3\tilde{x}) + \varepsilon$ 产生 20 个十字样本点,其中,$\tilde{x}$ 是任意选择的.利用任意选择的高斯过程超参数 $[e^{-0.8}, e^{-0.2}, e^{-0.1}]$,高斯过程回归的结果如图 5.1 中深色虚线段所示.

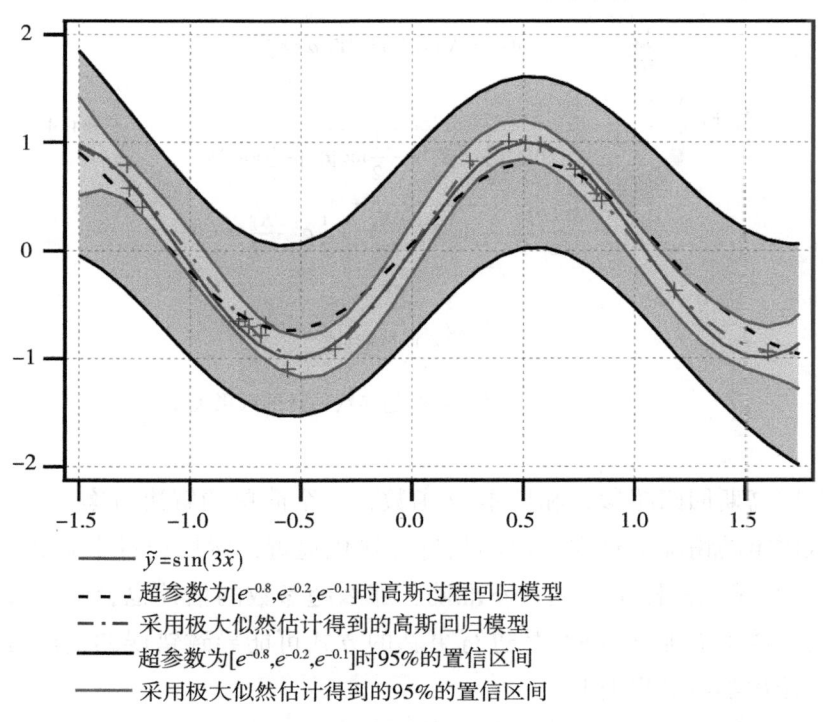

图 5.1 高斯过程回归举例

利用极大似然估计得到的超参数进行高斯过程回归的结果同样在图 5.1 中进行

了展示，如浅色的点画线所示. 从图 5.1 可以看出，设置不同的超参数会对高斯过程回归的效果产生较大的影响，同时，采用极大似然估计进行超参数优化后得到的高斯过程回归在回归精度和方差两方面均优于任意选取超参数的高斯过程回归得到的结果.

虽然可以采用极大似然估计求取最优超参数，但利用极大似然估计进行超参数优化时需要满足下列条件：

条件 4　样本集中所有状态-动作对的 Q 函数值 Y 已知.

从条件 1 和条件 4 可知，样本 Q 函数值 Y 的计算和高斯超参数 θ 的优化存在因果关系，如图 5.2 所示. 从图 5.2 可以看出，利用极大似然估计进行超参数优化依赖采集的样本 Q 函数值，而基于高斯过程回归获取 Q 函数的逼近值则需要已知高斯回归超参数. 高斯回归超参数和样本 Q 函数之间存在着耦合关系.

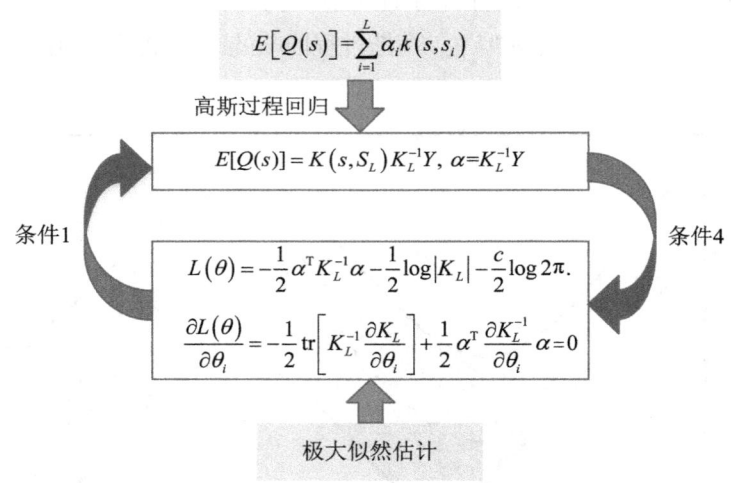

图 5.2　Q 函数学习与超参数估计的因果关系

为了获取高斯回归超参数和样本 Q 函数，一个简单的解决方案是交替进行计算，即在超参数固定的情况下对样本值函数进行迭代逼近，然后通过求解式 (5.5) 得到超参数. 然而，如果当前样本值函数不准确，那么超参数的估计也会受到影响，出现优化得到的超参数不准确. 这种交替进行更新的方式可能导致错误的信度分配，甚至会导致值函数迭代学习过程失败.

因此，需要设计一种同时实现值函数更新和超参数优化的并行算法. 下一节将提出一种并行的双阶段值随机迭代算法，该算法能够同时实现值函数迭代逼近和超参数的优化.

为了简化符号表示，令 $\alpha = K_L^{-1} Y$，则基于高斯过程回归设计的评价网络(5.2)可以改写为

$$E[Q(s)] = K(s, S_L)\alpha. \tag{5.8}$$

将式(5.8)代入式(5.7)中，得到

$$K(s, S_L)\alpha_{t+1} = (1-\eta_t)K(s, S_L)\alpha_t + \eta_t[r_t + \beta V_t(x')]. \tag{5.9}$$

由式(5.4)可知，如果高斯过程超参数固定，即 $K(s, S_L)$ 和 K_L 固定，那么 α 的更新和 Q 函数的更新对应. 因此，可以通过 α 的迭代学习来实现 Q 函数的学习. 在基于高斯过程回归的 Q 函数学习中，包括了核参数 K_L^{-1} 的更新和样本 Q 函数 Y 的更新.

同样，将 $\alpha = K_L^{-1} Y$ 代入式(5.4)，得到考虑 α 的有关超参数 θ 的对数似然函数：

$$L(\theta) = -\frac{1}{2}\alpha^T K_L^{-1} \alpha - \frac{1}{2}\log|K_L| - \frac{c}{2}\log 2\pi. \tag{5.10}$$

接下来，将展示如何设计双阶段随机迭代算法.

5.4 双阶段值迭代算法

首先，给出了描述超参数与样本值函数关系的命题，具体描述如下：

命题 5.1 根据样本及其对应的 Q 函数值 Y，通过极大似然估计可以优化超参数，对数似然函数描述如下：

$$\frac{\partial L(\theta)}{\partial \theta_i} = -\frac{1}{2}\mathrm{tr}\left[K_L^{-1}\frac{\partial K_L}{\partial \theta_i}\right] + \frac{1}{2}\alpha^T \frac{\partial K_L}{\partial \theta_i}\alpha^T = 0, \tag{5.11}$$

其中，$\alpha = K_L^{-1} Y$，$i = 1, 2, \cdots, D$，D 表示高斯过程超参数 θ 的维度. 对于任意的超参数 θ，如果 $\alpha \neq 0$，K_L 是连续可微的，且 θ 对应的关于 K_L 的雅可比矩阵(Jacobian matrix)是非奇异的，那么式(5.11)定义了如下的隐函数，或者连续可微的函数：

$$\theta = f(\alpha) = [f_1(\alpha) \quad f_2(\alpha) \quad \cdots \quad f_D(\alpha)]^T. \tag{5.12}$$

基于命题 5.1，基于高斯过程回归的双阶段值迭代算法可以整理为如下定理：

定理 5.1 如果系统稳定，且输入输出有界(boundary input and boundary output, BIBO)，即时奖励 r_t 有界，对 $k = 1, 2$，学习率满足 $\eta_t^k \to 0$，$\sum_{t=1}^{\infty} \eta_t^k = \infty$，并且

$$\eta_t^2 \Phi|\varphi_{t+1}^2| \leq \eta_t^2(1-\beta)|k_{\theta_{t+1}}(x^*, X_L)\varphi_t^2|^2 + \eta_t^1|\varphi_t^1|^2, \tag{5.13}$$

$$k_{\theta_{t+1}}(s^*, s_j) - k_{\theta_t}(s^*, s_j) \leq 0. \tag{5.14}$$

则下面的迭代过程收敛：

$$\alpha_{t+1} = \alpha_t,$$
$$\theta_{t+1} = \theta_t + \eta_t^1(f(\alpha_t) - \theta_t), \quad (5.15)$$
$$\alpha_{t+2} = \alpha_{t+1} + \eta_t^2 k_{\theta_{t+1}}^{\aleph}(s, S_L)[r_t + \beta V(\theta_{t+1}, x') - k_{\theta_{t+1}}(s, S_L)\alpha_{t+1}], \quad (5.16)$$
$$\theta_{t+2} = \theta_{t+1},$$

其中, $V(\theta_{t+1}, x') = \max_u k_{\theta_{t+1}}(s', S_L)\alpha_{t+1}$, $k_{\theta_t}^{\aleph}(s, S_L)$ 满足 $k_{\theta_t}(s, S_L)k_{\theta_t}^{\aleph}(s, S_L) = 1$. s' 表示状态-动作对 $s = (x, u)$ 的下一个状态-动作对, x' 表示 x 对应的下一个状态.

证明: 下面采用随机逼近的 Lyapunov 方法[158,159]进行证明.

首先, 定义

$$P_t k_{\theta_t}(s, S_L)\alpha_t = r + \beta V(\theta_t, s') = r + \beta \max_a k_{\theta_t}(s', S_L)\alpha_t, \quad (5.17)$$

则, 式(5.15)和式(5.16)可改写为

$$\alpha_{t+1} = \alpha_t,$$
$$\theta_{t+1} = \theta_t + \eta_t^1(f(\alpha_t) - \theta_t),$$
$$\alpha_{t+2} = \alpha_{t+1} + \eta_t^2 k_{\theta_{t+1}}^{\aleph}(s, S_L)[P_{t+1}k_{\theta_{t+1}}(s, S_L)\alpha_{t+1} - k_{\theta_{t+1}}(s, S_L)\alpha_{t+1}],$$
$$\theta_{t+2} = \theta_{t+1}.$$

定义 α 和超参数 θ 的逼近误差为

$$\varphi_{t+2}^1 = \varphi_{t+1}^1 = \theta_{t+1} - f(\alpha_{t+1}) = \theta_t - f(\alpha_{t+1}) + \eta_t^1[f(\alpha_t) - \theta_t] = (1 - \eta_t^1)\varphi_t^1,$$
$$\varphi_{t+1}^2 = \alpha_{t+1} - \alpha^*,$$
$$\varphi_{t+2}^2 = \alpha_{t+2} - \alpha^* = (\alpha_{t+1} - \alpha^*) + \eta_t^2 k_{\theta_{t+1}}^{\aleph}(s, S_L)[P_{t+1}k_{\theta_{t+1}}(s, S_L)\alpha_{t+1} - k_{\theta_{t+1}}(s, S_L)\alpha_{t+1}],$$
$$(5.18)$$

其中, α^* 表示 α 的收敛值. 由式(5.18)可以得到

$$\begin{pmatrix}\varphi_{t+2}^1 \\ \varphi_{t+2}^2\end{pmatrix} = \begin{pmatrix}\varphi_{t+1}^1 \\ \varphi_{t+1}^2\end{pmatrix} + \begin{pmatrix}0 \\ \eta_t^2 k_{\theta_{t+1}}^{\aleph}(s, S_L)[P_{t+1}k_{\theta_{t+1}}(s, S_L)\alpha_{t+1} - k_{\theta_{t+1}}(s, S_L)\alpha_{t+1}]\end{pmatrix}.$$
$$(5.19)$$

令 $\varphi_t = [(\varphi_t^1)^T \quad (\varphi_t^2)^T]^T$. 定义随机逼近的 Lyapunov 泛函如下:

$$V_t(\varphi_t) = \varphi_t^T \Lambda \varphi_t = ((\varphi_t^1)^T \quad (\varphi_t^2)^T)\begin{pmatrix}I_D & 0 \\ 0 & k_{\theta_t}^T(s^*, S_L)k_{\theta_t}(s^*, S_L)\end{pmatrix}\begin{pmatrix}\varphi_t^1 \\ \varphi_t^2\end{pmatrix}, \quad (5.20)$$

其中, D 表示超参数的维度, s^* 将会在后面的证明中进行介绍.

为简便起见, 令 k_t^* 表示 $k_{\theta_t}^T(s^*, S_L)k_{\theta_t}(s^*, S_L)$. 由式(5.20)可知, $V_t(\varphi_t)$ 为正定矩阵, 并且 $\forall s^*$, $|k_t^*| < \infty$. 因此, $V_t(\varphi_t)$ 可以看作 Lyapunov 泛函.

在 t 时刻，$V_{t+2}(\varphi_{t+2})$ 的条件期望为

$$E_t V_{t+2}(\varphi_{t+2}) = E_t \left\{ \begin{pmatrix} (\varphi_{t+2}^1)^T & (\varphi_{t+2}^2)^T \end{pmatrix} \begin{pmatrix} I_D & 0 \\ 0 & k_{t+2}^* \end{pmatrix} \begin{pmatrix} \varphi_{t+2}^1 \\ \varphi_{t+2}^2 \end{pmatrix} \right\}. \quad (5.21)$$

对式(5.21)进行一阶泰勒级数展开，可得

$$E_t V_{t+2}(\varphi_{t+2}) = E_t V_{t+1}(\varphi_{t+1}) + \eta_t^2 E_t [V'_{t+1}(\varphi_{t+1})(\varphi_{t+2} - \varphi_{t+1})] \\
+ (\eta_t^2)^2 C_2 E_t [(\varphi_{t+2} - \varphi_{t+1})^T (\varphi_{t+2} - \varphi_{t+1})], \quad (5.22)$$

其中，C_2 表示常数，且

$$V'_{t+1}(\varphi_{t+1}) = \frac{\partial \begin{bmatrix} (\varphi_t^1)^T & (\varphi_t^2)^T \end{bmatrix} \begin{bmatrix} I_D & 0 \\ 0 & k_{\theta_t}^T(s^*, S_L) k_{\theta_t}(s^*, S_L) \end{bmatrix} \begin{bmatrix} \varphi_t^1 \\ \varphi_t^2 \end{bmatrix}}{\partial [\varphi_t^1 \varphi_t^2]}$$

$$= \left[(\varphi_{t+1})^T + (k_{\theta_{t+1}}(s^*, S_L) \varphi_{t+1}^2)^T \frac{\partial k_{\theta_{t+1}}(s^*, S_L)}{\partial \theta_{t+1}} \right.$$

$$\left. \varphi_{t+1}^2 (k_{\theta_{t+1}}(s^*, S_L) \varphi_{t+1}^2)^T k_{\theta_{t+1}}(s^*, S_L) \right].$$

考虑式(5.22)右边第一项，可以得到

$$E_t V_{t+1}(\varphi_{t+1}) = V_t(\varphi_t) + \eta_t^1 E_t [V'_t(\varphi_t)(\varphi_{t+1} - \varphi_t)] \\
+ (\eta_t^1)^2 C_1 E_t [(\varphi_{t+1} - \varphi_t)^T (\varphi_{t+1} - \varphi_t)], \quad (5.23)$$

其中，C_1 表示常数.

将式(5.23)代入式(5.22)中，得到

$$E_t V_{t+2}(\varphi_{t+2}) - V_t(\varphi_t) = \eta_t^1 E_t [V'_t(\varphi_t) Y_t^1] + \eta_t^2 E_t [V'_{t+1}(\varphi_{t+1}) Y_{t+1}^2] \\
+ (\eta_t^1)^2 C_1 E_t [(Y_t^1)^2] + (\eta_t^2)^2 C_2 E_t [(Y_{t+1}^2)^2], \quad (5.24)$$

其中，$Y_t^1 = \begin{pmatrix} -\varphi_t^1 \\ 0 \end{pmatrix}$，$Y_{t+1}^2 = \begin{pmatrix} 0 \\ k_{\theta_{t+1}}^\aleph(s, S_L)(P_{t+1} k_{\theta_{t+1}}(s, S_L) \alpha_{t+1} - k_{\theta_{t+1}}(\varepsilon, S_L) \alpha_{t+1}) \end{pmatrix}$.

下面对观测值平方的期望值是有界的进行证明，即，$E|Y_t^1|^2 < \infty$，$E|Y_t^2|^2 < \infty$.

首先，考虑式(5.24)右边最后两项. 如果即时奖励是有界的，并且应用无限折扣奖励，则值函数是有界的. 因此，可以得到 $|\alpha_t| < \infty$. 如果被控对象是 BIBO 的，则有 $\forall s_0 \in \Sigma_0, s_\infty \in \Sigma_1$，且策略空间有界，其中，$\Sigma_0, \Sigma_1 \subset \mathbb{R}^{m+n}$.

根据命题 5.1 可知，当策略空间有界，并且 $|\alpha_t| < \infty$，$|\theta_t| < \infty$ 时，可以得到

$$E|V'_{t+1}(\varphi_{t+1}) Y_{t+1}^2| \leq c_1, \quad (5.25)$$

其中, c_1 为正数.

根据 Y_{t+1}^2 的定义可知

$$E|Y_{t+1}^2|^2 = E[[k_{\theta_t}^N(s, S_L)(P_{t+1}k_{\theta_{t+1}}(s, S_L)\alpha_{t+1} - k_{\theta_{t+1}}(s, S_L)\alpha_{t+1})]^2] \\ \leqslant c_2\varphi_{t+1}^2 + c_3\varphi_{t+2}^2 \leqslant c_4 V(\varphi_{t+1}),$$ (5.26)

其中, c_2, c_3, c_4 均为正数.

由式(5.25)和式(5.26)可以得到

$$E|Y_{t+1}^2|^2 + EV'_{t+1}(\varphi_{t+1})Y_{t+1}^2 \leqslant C_3 V(\varphi_{t+1}) + C_3,$$ (5.27)

其中, $C_3 = \max\{c_1, c_4\}$.

类似地, 可以得到

$$E|Y_t^1|^2 + E|V_t'(\varphi_t)Y_t^1| \leqslant C_4 V(\varphi_t) + C_4,$$ (5.28)

其中, C_4 为正数.

根据文献[159]中引理 4.1 可知, 由于文献[159]中条件 4.5 得到满足, 可以得到 $EV(\varphi_t) < \infty$, $E|Y_t^1|^2 < \infty$ 以及 $E|Y_{t+1}^2|^2 < \infty$.

然后, 考虑式(5.24)右边前两项. 第一项 $E_t[V_t'(\varphi_t)Y_t^1]$ 可以改写为

$$E_t[V_t'(\varphi_t)Y_t^1] = -|\varphi_t^1|^2 - \left(\frac{\partial k_{\theta_t}(s^*, S_L)}{\partial \theta_t}\varphi_t^2\right)^T (k_{\theta_t}(s^*, S_L)\varphi_t^2)\varphi_t^1.$$ (5.29)

如果 $E_t[V_t'(\varphi_t)Y_t^1]$ 足够小, 可以得到如下一阶泰勒展开式:

$$k_{\theta_{t+1}}(s^*, S_L) \approx k_{\theta_t}(s^*, S_L) + (\theta_{t+1} - \theta_t)^T \frac{\partial k_{\theta_t}(s^*, S_L)}{\partial \theta_t}.$$

则可以得到

$$(\theta_{t+1} - \theta_t)^T \frac{\partial k_{\theta_t}(s^*, S_L)}{\partial \theta_t}\varphi_t^2 \approx k_{\theta_{t+1}}(s^*, S_L)\varphi_t^2 - k_{\theta_t}(s^*, S_L)\varphi_t^2,$$

$$\Rightarrow \left(\frac{\partial k_{\theta_t}(s^*, S_L)}{\partial \theta_t}\varphi_t^2\right)^T (\theta_{t+1} - \theta_t) \approx k_{\theta_{t+1}}(s^*, S_L)\varphi_t^2 - k_{\theta_t}(s^*, S_L)\varphi_t^2.$$

结合式(5.18), 可以得到

$$-\eta_t^1 \left(\frac{\partial k_{\theta_t}(s^*, S_L)}{\partial \theta_t}\varphi_t^2\right)^T \varphi_t^1 \approx k_{\theta_{t+1}}(s^*, S_L)\varphi_t^2 - k_{\theta_t}(s^*, S_L)\varphi_t^2.$$ (5.30)

将式(5.30)代入式(5.29)中, 可以得到

$$E_t[V_t'(\varphi_t)Y_t^1] = -|\varphi_t^1|^2 - \left(\frac{\partial k_{\theta_t}(s^*, S_L)}{\partial \theta_t}\varphi_t^2\right)^T (k_{\theta_t}(s^*, S_L)\varphi_t^2)\varphi_t^1$$

$$= -|\varphi_t^1|^2 - (k_{\theta_t}(s^*, S_L)\varphi_t^2)\left(\frac{\partial k_\theta(s^*, S_L)}{\partial \theta_t}\varphi_t^2\right)^{\mathrm{T}}\varphi_t^1$$

$$= -|\varphi_t^1|^2 + \left(\frac{1}{\eta_t^1}\right)(k_{\theta_t}(s^*, S_L)\varphi_t^2)^{\mathrm{T}}(k_{\theta_{t+1}}(s^*, S_L)\varphi_t^2 - k_{\theta_t}(s^*, S_L)\varphi_t^2).$$

(5.31)

显然, $(k_{\theta_t}(s^*, S_L)\varphi_t^2)^{\mathrm{T}}(k_{\theta_{t+1}}(s^*, S_L)\varphi_t^2 - k_{\theta_t}(s^*, S_L)\varphi_t^2)$ 描述了超参数更新对 α 对应的 Lyapunov 泛函产生的影响.

考虑第二项 $E_t[V'_{t+1}(\varphi_{t+1})Y_{t+1}^1]$. 注意到 $\alpha_{t+1} = \alpha_t$, 则有

$$E_t[V'_{t+1}(\varphi_{t+1})Y_{t+1}^2] = (k_{\theta_{t+1}}(s^*, S_L)\varphi_t^2)^{\mathrm{T}}k_{\theta_{t+1}}(s^*, S_L)$$
$$\times E_t[k_{\theta_{t+1}}^{\aleph}(s^*, S_L)(P_{t+1}k_{\theta_{t+1}}(s^*, S_L)\alpha_t - k_{\theta_{t+1}}(s^*, S_L)\alpha_t)].$$

(5.32)

定义

$$\lambda_1(s, \alpha_{t+1}, \alpha^*) = k_{\theta_{t+1}}^{\aleph}(s, S_L)P_{t+1}k_{\theta_{t+1}}(s, S_L)\alpha_t - k_{\theta_{t+1}}^{\aleph}(s, S_L)P_{t+1}k_{\theta_{t+1}}(s, S_L)\alpha^*,$$

$$\lambda_2(s, \alpha_{t+1}, \alpha^*) = k_{\theta_{t+1}}^{\aleph}(s, S_L)P_{t+1}k_{\theta_{t+1}}(s, S_L)\alpha^* - k_{\theta_{t+1}}^{\aleph}(s, S_L)k_{\theta_{t+1}}(s, S_L)\alpha^*,$$

$$\lambda_3(s, \alpha_{t+1}, \alpha^*) = k_{\theta_{t+1}}^{\aleph}(s, S_L)k_{\theta_{t+1}}(s, S_L)\alpha^* - k_{\theta_{t+1}}^{\aleph}(s, S_L)k_{\theta_{t+1}}(s, S_L)\alpha_t$$
$$= \alpha^* - \alpha_t = -\varphi_t^2,$$

(5.33)

由式(5.33)可以得到

$$E_t[V'_{t+1}(\varphi_{t+1})Y_{t+1}^2] = (k_{\theta_{t+1}}(s^*, S_L)\varphi_{t+1}^2)^{\mathrm{T}}k_{\theta_{t+1}}(s^*, S_L) \times E_t[\lambda_1(s, \alpha_{t+1}, \alpha^*)$$
$$+ \lambda_2(s, \alpha_{t+1}, \alpha^*) + \lambda_3(s, \alpha_{t+1}, \alpha^*)].$$

(5.34)

首先考虑式(5.34)的第一项 $(k_{\theta_{t+1}}(s^*, S_L)\varphi_{t+1}^2)^{\mathrm{T}}k_{\theta_{t+1}}(s^*, S_L)E_t[\lambda_1(s, \alpha_{t+1}, \alpha^*)]$. 定义 $\|\Delta(\theta, \cdot)\| = \max_s |\Delta(\theta, s)|$. 如果下面条件得到满足：

(1) 对任意的 $s \neq 0$, 如果 $\|\Delta(\theta, \cdot)\| = \max_s |\Delta(\theta, s)| = 0$, 那么 $\|\Delta(\theta, \cdot)\| = 0$,

(2) $\|\alpha\Delta(\theta, \cdot)\| = \max_s |\alpha\Delta(\theta, s)| = |\alpha|\max_s|\Delta(\theta, s)| = |\alpha|\|\Delta(\theta, \cdot)\|$,

(3) $\|\Delta_1(\theta, \cdot) + \Delta_2(\theta, \cdot)\| = \max_s |\Delta_1(\theta, s) + \Delta_2(\theta, s)|$
$$\leq \max_s [|\Delta_1(\theta, s)| + |\Delta_2(\theta, s)|]$$
$$\leq \max_s |\Delta_1(\theta, s)| + \max_s |\Delta_2(\theta, s)|$$
$$= \|\Delta_1(\theta, \cdot)\| + \|\Delta_2(\theta, \cdot)\|,$$

那么, $\|\Delta(\theta, \cdot)\| = \max_s |\Delta(\theta, s)|$ 为范数.

令 $s^* = \arg\max_s |\Delta(\theta, s)|$. 考虑如下范数：

$$k_{\theta_{t+1}}(s, S_L) E_t[\lambda_1(s, \alpha_{t+1}, \alpha^*)] \leq \| k_{\theta_{t+1}}(s, S_L) E_t[\lambda_1(s, \alpha_{t+1}, \alpha^*)] \|$$
$$= \max_s | E_t[P_{t+1} k_{\theta_{t+1}}(s, S_L) \alpha_t - P_{t+1} k_{\theta_{t+1}}(s, S_L) \alpha^*] |$$
$$\leq \beta \max_s \int p(x|s) | \max_{a'} k_{\theta_{t+1}}(s', S_L)(\alpha_t - \alpha^*) | dx'$$
$$\leq \beta \max_{s'} | \max k_{\theta_{t+1}}(s', S_L)(\alpha_t - \alpha^*) |. \quad (5.35)$$

令 $s^* = \arg\max_s | \max_{s'} k_{\theta_{t+1}}(s', S_L)(\alpha_t - \alpha^*) |$,可以得到

$$k_{\theta_{t+1}}(s, S_L) E_t[\lambda_1(s, \alpha_{t+1}, \alpha^*)] \leq \beta | k_{\theta_{t+1}}(s^*, S_L)(\alpha_t - \alpha^*) |. \quad (5.36)$$

从式(5.18)可知,$\varphi_{t+1}^2 = \alpha_{t+1} - \alpha^* = \alpha_t - \alpha^* = \varphi_t^2$,则式(5.34)的第一项满足如下等式:

$$(k_{\theta_{t+1}}(s^*, S_L)\varphi_{t+1}^2)^T k_{\theta_{t+1}}(s^*, S_L) E_t[\lambda_1(s, \alpha_{t+1}, \alpha^*)]$$
$$\leq \| (k_{\theta_{t+1}}(s^*, S_L)\varphi_{t+1}^2)^T \| \beta | k_{\theta_{t+1}}(s^*, S_L)\varphi_{t+1}^2 |$$
$$= \beta | k_{\theta_{t+1}}(s^*, S_L)\varphi_{t+1}^2 |^2 = \beta | k_{\theta_{t+1}}(s^*, S_L)\varphi_t^2 |^2. \quad (5.37)$$

同时,式(5.34)的第二项满足

$$(k_{\theta_{t+1}}(s^*, S_L)\varphi_{t+1}^2)^T k_{\theta_{t+1}}(s^*, S_L) E_t[\lambda_2(s, \alpha_{t+1}, \alpha^*)]$$
$$= (k_{\theta_{t+1}}(s^*, S_L)\varphi_{t+1}^2)^T k_{\theta_{t+1}}(s^*, S_L) k_{\theta_{t+1}}^\aleph(s, S_L) E_t[P_{t+1} k_{\theta_{t+1}}(s, S_L)\alpha^* - k_{\theta_{t+1}}(s, S_L)\alpha^*],$$
$$(5.38)$$

其中,$P_{t+1} k_{\theta_{t+1}}(s, S_L)\alpha^* - k_{\theta_{t+1}}(s, S_L)\alpha^*$ 表示由于超参数优化引起的值函数误差.由于 α^* 未知,值函数误差也未知.同时,等式(5.38)右侧关于核函数的几项均是有界的,则存在 $0 \leq \Phi < \infty$ 使下列不等式成立:

$$(k_{\theta_{t+1}}(s^*, S_L)\varphi_{t+1}^2)^T k_{\theta_{t+1}}(s^*, S_L) k_{\theta_{t+1}}^\aleph(s, S_L) E_t[P_{t+1} k_{\theta_{t+1}}(s, S_L)\alpha^* - k_{\theta_{t+1}}(s, S_L)\alpha^*]$$
$$\leq \Phi | \varphi_{t+1}^2 |. \quad (5.39)$$

结合式(5.36)和式(5.39),式(5.34)可以改写为

$$E_t[V'_{t+1}(\varphi_{t+1})Y_{t+1}^2]$$
$$\leq \beta | k_{\theta_{t+1}}(s^*, S_L)\varphi_t^2 |^2 + \Phi | \varphi_{t+1}^2 | - (k_{\theta_{t+1}}(s^*, S_L)\varphi_{t+1}^2)^T k_{\theta_{t+1}}(s^*, S_L)\varphi_t^2$$
$$= -(1-\beta) | k_{\theta_{t+1}}(s^*, S_L)\varphi_t^2 |^2 + \Phi | \varphi_{t+1}^2 |. \quad (5.40)$$

结合式(5.31)和式(5.40),如果下列不等式成立:

$$\eta_t^2 \Phi | \varphi_{t+1}^2 | \leq \eta_t^2 (1-\beta) | k_{\theta_{t+1}}(s^*, S_L)\varphi_t^2 |^2 + \eta_t^1 | \varphi_t^1 |^2$$
$$- (k_{\theta_t}(s^*, S_L)\varphi_t^2)^T (k_{\theta_t}(s^*, S_L)\varphi_t^2 - k_{\theta_t}(s^*, S_L)\varphi_t^2), \quad (5.41)$$

则存在正常数 δ,使等式(5.24)右侧前两项满足如下不等式:

$$\eta_t^1 E_t[V_t'(\varphi_t)Y_t^1] + \eta_t^2 E_t[V'_{t+1}(\varphi_{t+1})Y_{t+1}^2] \leq -\delta. \quad (5.42)$$

为了简化不等式(5.41)，我们希望如下不等式成立：
$$(k_{\theta_t}(s^*, S_L)\varphi_t^2)^{\mathrm{T}}(k_{\theta_{t+1}}(s^*, S_L)\varphi_t^2 - k_{\theta_t}(s^*, S_L)\varphi_t^2) \leq 0. \quad (5.43)$$
由于 α^* 未知，不等式(5.43)成立的充要条件为 $k_{\theta_t}(s^*, S_L)^{\mathrm{T}}(k_{\theta_{t+1}}(s^*, S_L) - k_{\theta_t}(s^*, S_L))$ 为半负定矩阵. 由于该矩阵是不可逆的，并且其二阶及以上高阶主子式均为零，因此，为了使该矩阵半负定成立，其对角线元素均需要小于零，也即 $\forall s_j \in S_L$，$k_{\theta_t}(s^*, s_j)(k_{\theta_{t+1}}(s^*, s_j) - k_{\theta_t}(s^*, s_j)) \leq 0$ 成立.

由于 $k_{\theta_t}(s^*, s_j) > 0$，显然 $k_{\theta_t}(s^*, s_j)(k_{\theta_{t+1}}(s^*, s_j) - k_{\theta_t}(s^*, s_j)) \leq 0$ 成立仅需保证不等式(5.14)，也即 $k_{\theta_{t+1}}(s^*, s_j) - k_{\theta_t}(s^*, s_j) \leq 0$ 成立.

可以通过设计超参数 θ_t 的更新规则来保证不等式(5.14)成立，相关结论介绍将在注释5.1中进行介绍. 因此，如果不等式(5.14)成立，则式(5.41)可以转换为
$$\eta_t^2 \Phi|\varphi_{t+1}^2| \leq \eta_t^2(1-\beta)|k_{\theta_{t+1}}(x^*, X_L)\varphi_t^2|^2 + \eta_t^1|\varphi_t^1|^2.$$
也即不等式(5.13)成立.

综合上述分析，如果式(5.13)和式(5.14)成立，则式(5.42)成立. 根据文献[159]中定理5.4.2可知，迭代过程收敛，即 $\varphi_t \xrightarrow{w.p.1} 0$.

证毕.

注释5.1 式(5.14)成立的一种较简单方法是在超参数学习过程中，保证 t 时刻超参数 θ_t 中的每个元素均大于 $t+1$ 时刻超参数 θ_{t+1} 中的每个元素. 根据式(5.1)可知，这种方式可以保证式(5.14)成立.

注释5.2 如果双阶段值迭代的学习率满足 $\eta_t^1 \gg \eta_t^2$，则式(5.13)成立. 因此，$\eta_t^1 \gg \eta_t^2$ 可以作为保证算法收敛的一种较为简单实用的方式.

式(5.15)和式(5.16)给出了双阶段迭代算法的迭代更新规则，可以看到评价网络的更新主要由两部分构成：超参数固定时更新值函数，如式(5.16)所示；值函数接近收敛时，更新超参数，如式(5.15)所示. 基于定理5.1提出的评价网络设计方法的结构框架如图5.3所示. 从图5.3可以看出，评价网络的更新通过超参数优化和值函数逼近两个方面来进行，从而形成了基于高斯核的自适应评价网络设计方法(Gaussian-kernel-based adaptive critic design, GK-ACD).

GK-ACD的伪代码如算法5.1所示，α 每更新 M 次，高斯超参数 θ 更新一次. 容易证明，这种迭代更新方式不仅不会改变条件(5.13)，还有助于降低超参数更新过程中的计算成本. 同时，GK-ACD为值迭代算法，初始控制策略 $\pi(x_0)$ 为任意的随机策略，并且在学习过程中没有涉及系统的模型信息.

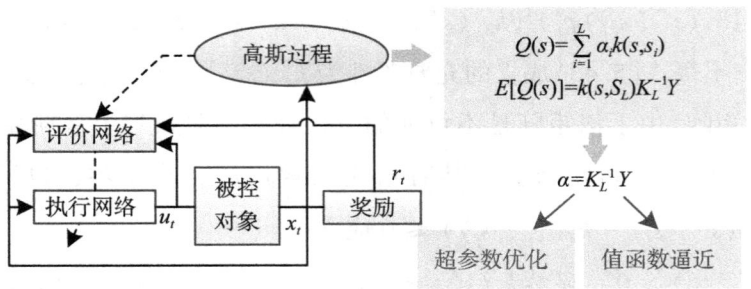

图 5.3　GK-ACD 方法的结构框图

算法 5.1　基于高斯过程回归的双阶段值迭代算法

Initialization

　　θ：高斯过程超参数

　　$S_L = \{s_i \mid s_i = (x_i, u_i)\}_{i=1}^{L}$：样本集

　　$\pi(x_0)$：初始控制策略

　　η_t^1, η_t^2：学习率

End initialization

　　令 $t = 0$。

Loop

　　For $m = 1$ to M do

　　　　$t = t + 1$

　　　　$u_t = \pi(x_t)$

　　　　获取即时奖励 r_t

　　　　得到下一时刻的状态量 x_{t+1}

　　　　更新 $\alpha \leftarrow$ (5.16)

　　　　依据直接策略寻优更新策略 π

　　End for

　　更新 $\theta \leftarrow$ (5.15)

Until the termination criterion is satisfied

5.5　仿真实验

为了验证 GK-ACD 算法的特性及其有效性，本节分别针对单智能体系统和多智能

体系统进行仿真实验. 在单智能体系统的仿真实验中, 首先进行了简化后的一阶倒立摆系统的仿真实验, 以说明超参数优化的必要性; 然后将 GK-ACD 与另一种典型的基于高斯过程回归的无模型强化学习方法 GPSARSA 算法进行了比较, 将 GK-ACD 与采用策略迭代的核函数评价网络设计方法 KHDP 算法在板球系统环境中进行了对比; 最后, 将 GK-ACD 算法应用于离散时间线性多智能体系统一致性控制中, 以验证算法的有效性.

5.5.1 单智能体系统仿真实验

针对本节所有的单智能体系统仿真实验, 有如下相同的设置: $M=50$, 即时奖励设置为 $r_t = x_t^T Q x_t + u_t^T R u_t$, 其中, $Q \in \mathbb{R}^{n \times n}$, $R \in \mathbb{R}^{m \times m}$, 为对称正定矩阵, 折扣因子 $\beta = 0.5$, 仿真时间步长设置为 0.02s. 另外, 采用 ALD 稀疏化方法构建样本集, ALD 方法的阈值 $\mu = 0.001$. 所有的实验均运行 60 次, 以统计算法的实验效果.

1. 仿真实验一: 优化超参数的必要性

由注释 5.2 可知, 值函数迭代和超参数优化两个阶段的学习率设置是 GK-ACD 算法的关键, 为了满足条件(5.13), 需要选择合适的学习率. 本小节的仿真实验用以说明两个阶段的学习率是如何影响 GK-ACD 算法的性能的, 并且利用实验结果表明 $\eta_t^1 \gg \eta_t^2$ 可以作为一种保证 GK-ACD 算法收敛的简单方式.

倒立摆系统作为一种典型的实验控制系统得到了广泛的研究. 考虑如下倒立摆系统:

$$\begin{cases} \dot{x}_1 = x_2, \\ \dot{x}_2 = \dfrac{g\sin(x_1) - u\cos(x_1)}{m}, \end{cases} \tag{5.44}$$

其中, u 为控制力矩, $u \in [-5, 5]$, x_1, x_2 分别表示角度和角速度, $x_1 \in [-0.5, 0.5]$, $x_2 \in [-5, 5]$, g 为万有引力常数, $m = 1\text{kg}$ 为倒立摆的质量.

利用 ALD 稀疏化方法构建包含 60 个样本的样本集. 每次学习重复 60 次以得到成功的次数所占的百分比. 在本实验中, 如果控制器能够保持杆平衡的时间超过 100 个时间步长, 则该次学习被认为是成功的. 在每次实验中, 初始的超参数设置为 $[e^{-0.3}, 1, 1, 1, e^{-0.001}]$. 学习率设置为 $\eta_t^1 = \alpha_1/(1+t)^{0.018}$, $\eta_t^2 = \alpha_2/(1+t)^{0.018}$, 其中, $\alpha_1 \in [0, 0.15]$, $\alpha_1 \in [0, 0.05]$. 由于值函数更新 50 次超参数才更新一次, 因此学习率 η_t^1, η_t^2 满足 $\eta_t^1 \gg \eta_t^2$. 在保持 $\alpha_2 = 0.01$ 的情况下, 取不同的 η_t^1 得到的学习成功率如表 5.1 所示. 表 5.2 显示了在保持 $\alpha_1 = 0.1$ 的情况下, 取不同的 η_t^2 得到的学习的成功率.

从表 5.1 和表 5.2 可知，设置不同的学习率 η_t^1 和 η_t^2 会对 GK-ACD 算法的学习过程造成较明显的影响，当 $\alpha_1 = 0.1$，$\alpha_2 = 0.01$ 时，学习的成功率最高。但当 $\alpha_1 = 0.1$，即 $\eta_t^1 = 0$ 时，表明在迭代过程中高斯过程的超参数没有进行学习，此时学习成功的次数仅为 14。当 $\alpha_2 = 0$，即 $\eta_t^2 = 0$ 时，迭代过程中没有进行值函数学习，因此学习成功的次数为 0。

表 5.1 当 $\alpha_2 = 0.01$ 时不同 η_t^1 下学习的成功率

α_1	60 次实验成功的次数	成功率
0	14	23.3%
0.01	23	38.3%
0.05	37	61.7%
0.08	42	70.0%
0.1	55	91.7%
0.15	46	76.7%

表 5.2 当 $\alpha_1 = 0.1$ 时不同 η_t^2 下学习的成功率

α_2	60 次实验成功的次数	成功率
0	0	0
0.01	55	91.7%
0.02	41	68.3%
0.03	36	60.0%
0.05	22	36.7%

在不同 α_1 和 α_2 下，学习收敛时间的箱形图如图 5.4 所示。其中，不同学习率组合下对应的表示第三四分位数与第一四分位数差距的矩形称为四分位距（interquartile range，IQR），矩形上方和下方的点表示异常值，矩形中的点表示平均值。显然，从图 5.4 可以看出，当 $\alpha_1 = 0.1$，$\alpha_2 = 0.01$ 时，GK-ACD 算法的平均收敛时间最短，且 IQR 最小。

从以上分析可知，超参数优化和值函数迭代在 GK-ACD 算法的学习过程中都是必不可少的。如何设计双阶段迭代过程的学习率 η_t^1 和 η_t^2 是 GK-ACD 算法学习过程中的关键问题。并且，学习率的设置满足 $\eta_t^1 \gg \eta_t^2$ 可以作为保证条件(5.13)成立的一种简单方式。

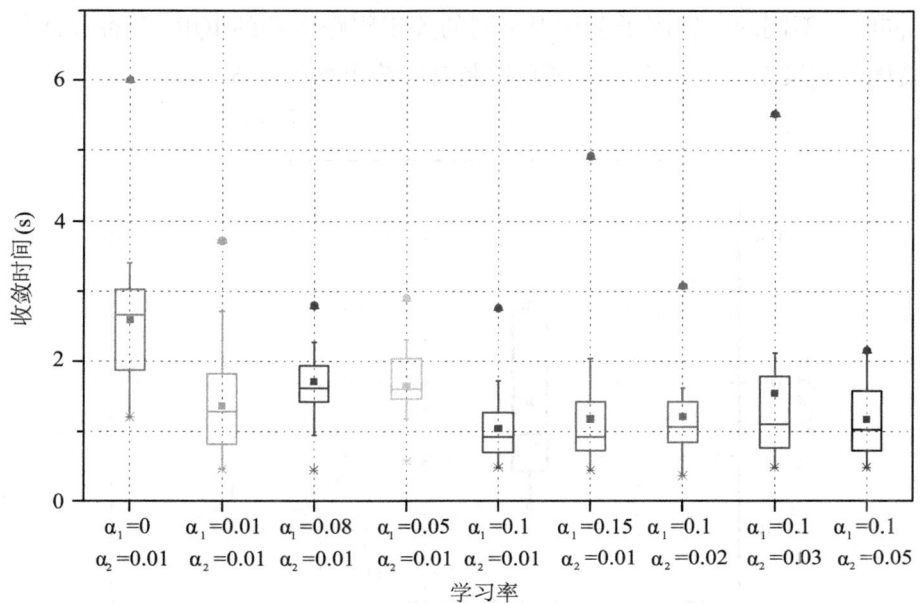

图 5.4 不同学习率下的收敛时间

2. 仿真实验二：与 GPSARSA 算法的对比

本小节将 GK-ACD 算法与 GPSARSA 算法进行了对比. 选择 GPSARSA 算法进行对比的原因为：①两种算法都是利用高斯过程回归对 Q 函数进行建模，然后采用时序差分的方式进行迭代学习；②两种算法均采用了 ALD 稀疏化方法；③两种算法均是模型无关的学习算法，不需要知道系统模型的先验信息.

被控对象仍选择为倒立摆系统(5.17). 在本次实验中，设置 GK-ACD 算法的学习率为 $\eta_t^1 = 0.1/(1+t)^{0.018}$，$\eta_t^2 = 0.01/(1+t)^{0.018}$，初始的超参数为 $[e^{-0.3}, 1, 1, 1, e^{-0.001}]$. 在 GPSARSA 算法中，高斯核选择为 $k(s, s') = \exp(-\|s - s'\|^2/2\sigma^2)$，其中长度因子参数 σ（也称为超参数）根据经验进行选择，并且采用 ε 贪婪策略的方式进行学习，$\varepsilon = 10/(10+t)$. 需要注意的是，GPSARSA 算法中不需要构造初始样本集，ALD 稀疏化方法和 Q 函数迭代同时进行，ALD 方法的阈值 $\mu = 0.01$. 两种算法选择相同的奖励函数和相同的折扣因子. 在本实验中，通过选择不同的长度因子参数 σ 来测试 GPSARSA 算法的效果. 在两种算法开始执行时，初始状态均设置为(0.2, 0).

两种算法获取的最终控制器效果的对比如图 5.5 和图 5.6 所示. 在图 5.5 中，利用 $|x_1(t) - x_d(t)|$ 表示最终获取的跟踪误差，其中 $x_d(t) = 0$. 关于最终跟踪误差的箱型

图如图 5.5 所示. 可以看到, 选择不同的长度因子参数会影响最终 GPSARSA 算法的跟踪性能. 同时, 不同的长度因子会获得不同的关于跟踪误差的 IQR. 两种算法最终得到的近似最优控制策略对应的系统轨迹和控制器的输出如图 5.6 所示.

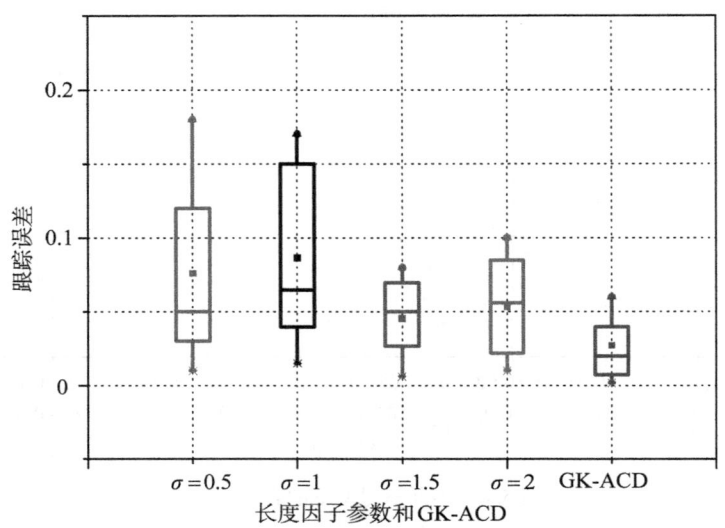

图 5.5　不同长度因子对应的 GPSARSA 和 GK-ACD 的跟踪误差

从图 5.5 和图 5.6 可以看出, GPSARSA 算法的高斯核长度因子参数对算法的学习性能有明显的影响, 同时, GK-ACD 的学习性能优于 GPSARSA. 这是因为高斯核函数的长度因子参数在 GPSARSA 算法的学习过程中是固定的, 在学习开始前需要根据先验知识调整长度因子参数以适应值函数模型. 而 GK-ACD 算法可以在线优化超参数, 在进行值函数学习的同时, 值函数模型也在进行优化.

3. 仿真实验三: 与 KHDP 算法的对比

本节将 GK-ACD 算法与 KHDP 算法进行了对比. 选择 KHDP 算法的原因如下: ① 均采用核方法构造评价网络; ② 均采用了 ALD 稀疏化方法构建样本集; ③ 均是模型无关的学习算法.

本次仿真实验中的控制对象是球板系统. 该系统由一个板和一个球组成, 球放置在板上. 板的倾斜可以通过两个电机在两个垂直方向上进行操纵, 以控制球的位置. 为简便起见, 将板球系统视为两个解耦球杆系统. 此时, 板球系统 x 轴和 y 轴上的动力学方程是相同的. 表 5.3 给出了球板系统的相关参数, 其中, 球的质量 $m = 0.05\mathrm{kg}$, 球的半径 $r_b = 0.01\mathrm{m}$, 球的转动惯量 $I_b = 2mr_b^2/5$. 有关板球系统的相关状态量表示为 $(x_1,$

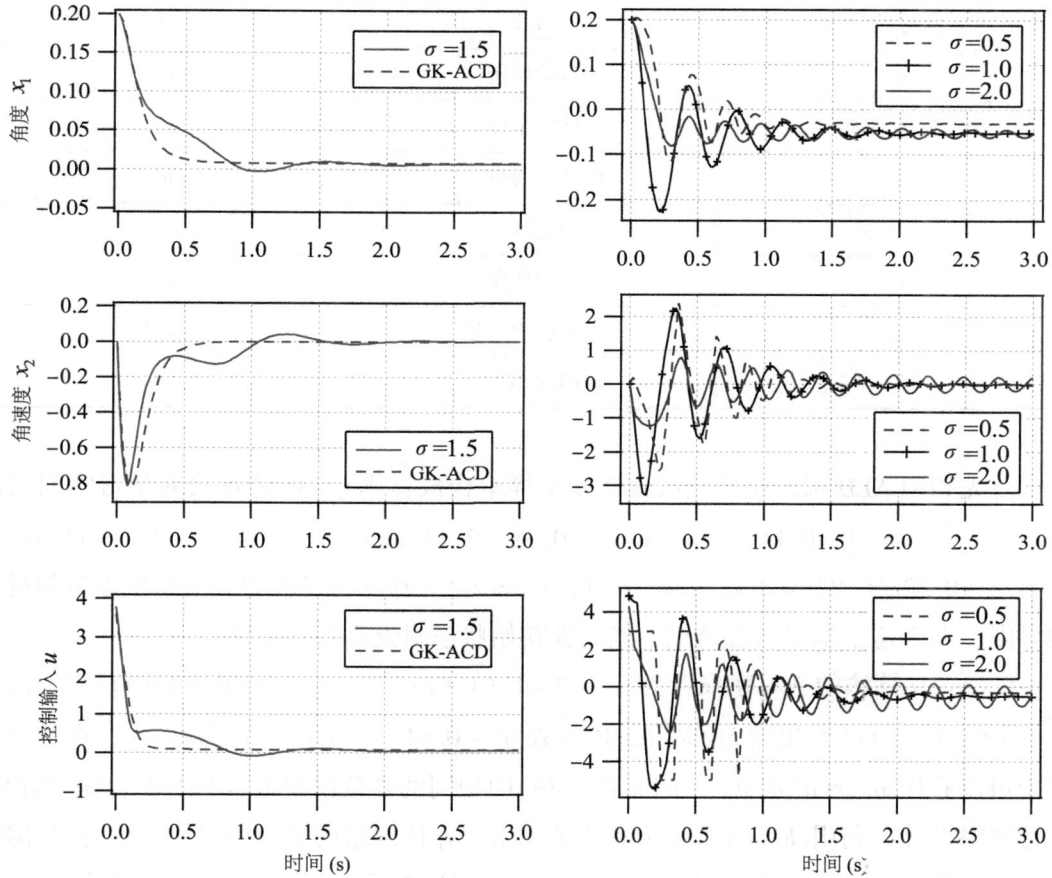

图 5.6 GK-ACD 和 GPSARSA 在不同长度因子下最终策略的控制效果

$x_2, x_3, x_4) = (x, \dot{x}, \theta, \dot{\theta})$，其中，$\dot{x}$ 和 $\dot{\theta}$ 分别表示球的速度和板运动的角速度. 解耦后的板球系统在 x 轴上的动态方程为

$$\begin{pmatrix} \dot{x}_1 \\ \dot{x}_2 \\ \dot{x}_3 \\ \dot{x}_4 \end{pmatrix} = \begin{pmatrix} x_2 \\ B(x_1 x_4^2 - g\sin x_3) \\ x_4 \\ 0 \end{pmatrix} + \begin{pmatrix} 0 \\ 0 \\ 0 \\ 1 \end{pmatrix} u, \tag{5.45}$$

其中，$B = m/(m + I_b/r_b^2)$.

表 5.3　　　　　　　　　　　　　　板球系统参数

符号	参数	单位
m	球的质量	kg
r_b	球的半径	m
x	球的当前位置	m
u	控制输入	rad/s^2
θ	板的倾角	rad
g	万有引力常量	m/s^2
I_b	球的转动惯量	kg·m^2

首先利用 ALD 稀疏化方法收集 200 个样本构成样本集. 两种算法的学习空间限制为: $x_1 \in [-0.11, 0.11]$m, $x_2 \in [-0.32, 0.32]$m/s, $x_3 \in [-0.11, 0.11]$rad, $x_4 \in [-0.22, 0.22]$rad/s, $u \in [-1, 1]$rad/s^2. 在学习过程中, 如果状态量超过上述界限, 那么这个学习回合结束, 然后在初始状态附近重新开始学习.

GK-ACD 算法的学习率设置为 $\eta_t^1 = 0.01/(1+t)^{0.018}$, $\eta_t^2 = 0.01/(1+t)^{0.018}$. 由于 $\eta_t^2 = 0.01/(1+t)^{0.018}$ 更新 50 次后, 超参数 $\eta_t^2 = 0.01/(1+t)^{0.018}$ 更新一次, 在学习过程中可以看作 $\eta_t^1 \gg \eta_t^2$ 成立. 使用文献[139]中相同的参数设置进行 KHDP 算法的评价-执行网络设计, 利用高斯核函数构建评价网络, 评价网络的遗忘因子 $\nu = 1$. 执行网络的结构设置为 4—5—1 的三层神经网络, 学习率设置为 0.3, 执行网络的初始参数在 $[-0.5, 0.5]$ 之间进行随机选择, 隐含层的激活函数为 $f(y) = (1+e^{-y}) - 1$, 输出层选择线性函数 $L(z) = kz$.

两种算法均运行 60 次以便进行统计分析. 关于跟踪误差的箱型图如图 5.7 所示, 跟踪误差根据 $|s(t) - s_d(t)|$ 计算获得, 其中 $s_d(t) = 0$. 左边 4 个箱型图表示 KHDP 算法取不同长度因子参数 σ 得到的关于跟踪误差的统计结果, 右边的箱型图展示了进行 60 次实验后, GK-ACD 算法得到的关于跟踪误差的统计结果. 结果表明, GK-ACD 算法平均跟踪误差较小, 且 IRQ 较小.

KHDP 算法在学习过程中, 影响值函数模型的长度因子参数 σ 是固定的. 为取得较好的性能, 需要选择合适的 σ. 然而, 在 KHDP 算法中没有任何机制来优化 σ, 而在 GK-ACD 算法中, 高斯超参数 θ 在学习过程中可以进行不断更新, 意味着值函数模型在值函数学习时也在进行优化. 因此, GK-ACD 算法取得了更好的效果.

图 5.8 记录了 GK-ACD 算法和 KHDP 算法最终得到的控制策略的效果图. 从图 5.8

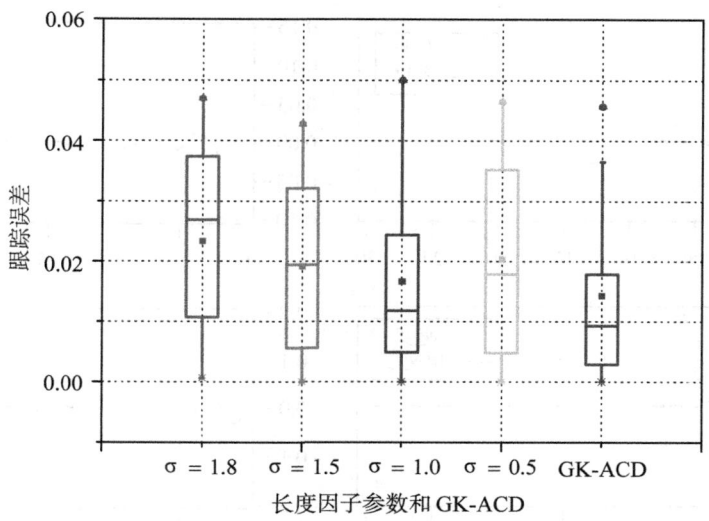

图 5.7　不同长度因子对应的 KHDP 和 GK-ACD 的跟踪误差

可以看出，相对于 KHDP 算法，GK-ACD 算法使球达到平衡位置所经历的过渡时间较短. GK-ACD 算法过渡时间较短的主要原因可能不是 GK-ACD 算法有更强的探索能力，而是两种算法采用了不同的策略更新方式. KHDP 采用策略梯度进行执行网络的学习，而 GK-ACD 算法采用直接策略寻优的非梯度方式进行学习.

为了更清晰地说明图 5.8 显示的这种现象，将两种算法对应的最优控制输入关于球位置和角度的分布在图 5.9 中进行了展示，其中对位置和角度变量以及对应的最优动作均进行了归一化处理，使这三种变量均处于 $[-1,1]$ 的范围内. 图 5.9(a) 为 GK-ACD 算法得到的最优控制动作分布，可以看到 GK-ACD 算法得到的最优动作均处在 $\{-1,1\}$ 附近. 这意味着执行网络倾向于输出尽可能大的动作，所以系统转换得非常快，因此，控制输入会出现急剧的变化. 图 5.9(b) 为 KHDP 算法得到的最优控制动作分布，可以看到控制动作在 $[-1,1]$ 呈现均匀分布，这也导致 KHDP 算法的执行网络输出的变化较小. 图 5.10 绘制了样本集中所有样本点的最优控制动作关于位移和角度的分布，得到的结果和图 5.9 类似.

综上所述，与 KHDP 算法相比，GK-ACD 算法由于超参数是在线更新的，因此能够减少高斯核超参数的主观选择导致的值函数逼近误差. 同时，KHDP 算法需要一个初始的容许控制策略来进行策略迭代以获得最优控制策略，而 GK-ACD 算法不需要初始的容许控制策略，其初始策略可以为任意的随机策略.

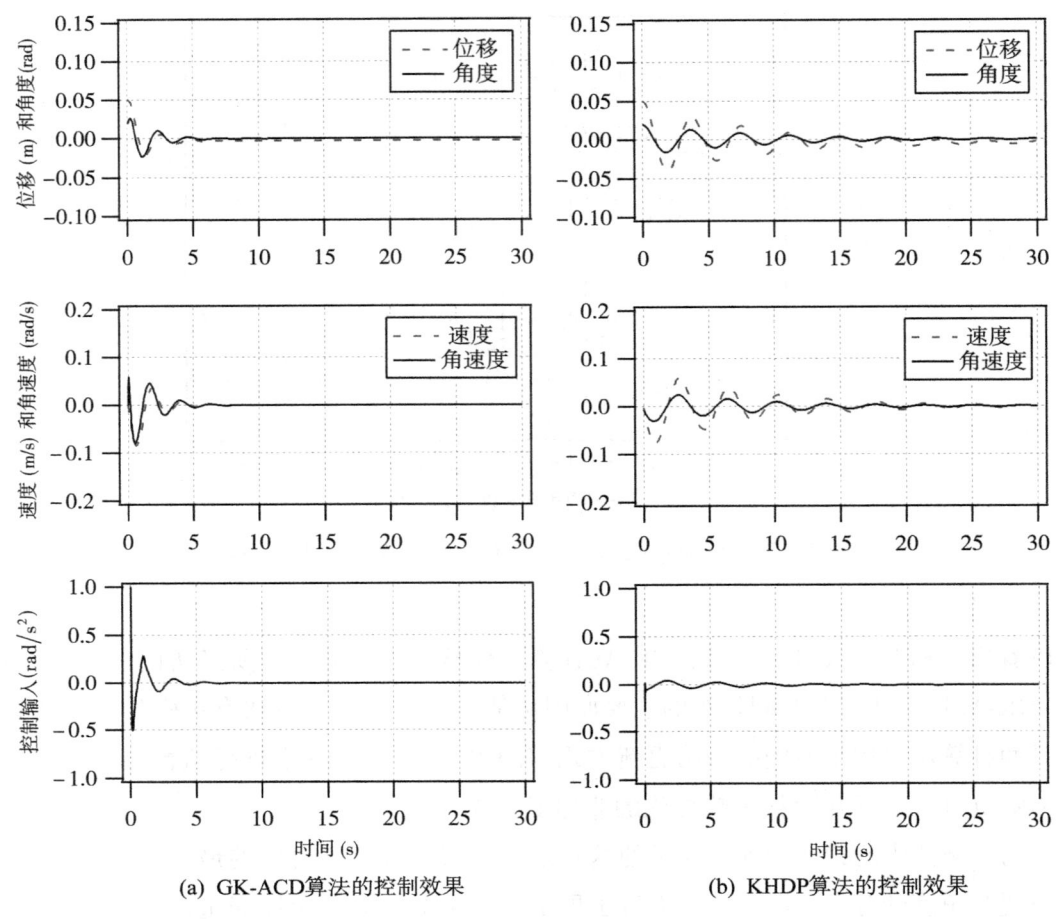

(a) GK-ACD算法的控制效果　　　　(b) KHDP算法的控制效果

图 5.8　不同长度因子对应的 KHDP 和 GK-ACD 的跟踪误差

5.5.2　多智能体系统仿真实验

本小节将双阶段值迭代算法应用于多智能体系统一致性控制中,并与文献[94]中最优一致性控制方法进行了对比. 文献[94]利用神经网络构建的评价网络,采用策略迭代算法实现一致性控制.

考虑拥有一个领航者和四个跟随者的离散时间线性多智能体系统,其通信拓扑如图 5.11 所示.

多智能体系统的动态方程为

$$\begin{cases} x_0(k+1) = Ax_0(k), \\ x_i(k+1) = Ax_i(k) + B_i u_i(k), \quad i = 1, \cdots, 4, \end{cases} \quad (5.46)$$

5.5 仿真实验

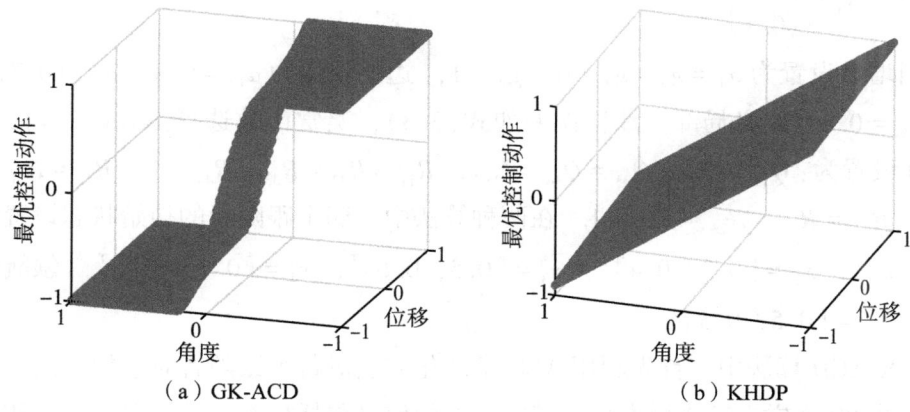

（a）GK-ACD　　　　　　　　　（b）KHDP

图 5.9　位移和角度状态量对应的最优控制动作

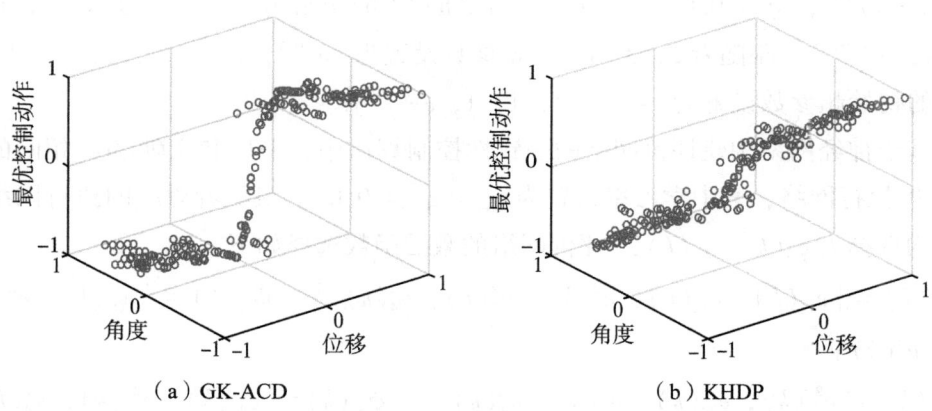

（a）GK-ACD　　　　　　　　　（b）KHDP

图 5.10　位移和角度状态量对应的样本集中样本的最优动作

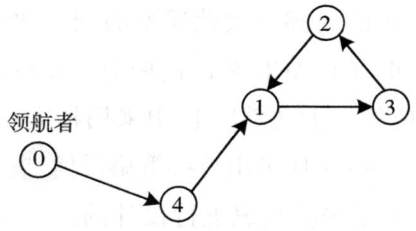

图 5.11　多智能体系统通信拓扑图

其中，$A = \begin{pmatrix} 1 & 0.09983 \\ -0.09983 & 1 \end{pmatrix}$，$B_1 = \begin{pmatrix} 0.2047 \\ 0.08984 \end{pmatrix}$，$B_2 = \begin{pmatrix} 0.2147 \\ 0.2895 \end{pmatrix}$，$B_3 =$

$\begin{pmatrix} 0.2097 \\ 0.1897 \end{pmatrix}$, $B_4 = \begin{pmatrix} 0.2 \\ 0.1 \end{pmatrix}$.

牵引增益设置为 $g_1 = g_2 = g_3 = 0$, $g_4 = 1$, 边的权值为 $a_{12} = 0.8$, $a_{14} = 0.7$, $a_{23} = 0.6$, $a_{31} = 0.8$. 定义局部一致性误差如式(3.3), 奖赏函数选择如式(3.11), 其中, 权值矩阵设置为: $Q_{11} = Q_{22} = Q_{33} = Q_{44} = I_{2\times 2}$, $R_{11} = R_{22} = R_{33} = R_{44} = 1$, $R_{13} = R_{21} = R_{32} = R_{41} = 0$, $R_{12} = R_{14} = R_{23} = R_{31} = 1$. 在两种算法中, 四个跟随者的初始状态设置为 $x_1 = [0.1, 0.2]^T$, $x_2 = [0.3, 0.4]^T$, $x_3 = [0.5, 0.6]^T$, $x_4 = [0.7, 0.8]^T$, 领航者的初始状态为 $x_0 = [0.5, 0.5]^T$.

在 GK-ACD 算法中, 首先利用 ALD 稀疏化方法对每个跟随者对应的局部一致性误差系统收集 80 个样本组成样本集, 其中样本的信息包括局部一致性误差、跟随者的控制输入及其邻居跟随者的控制输入. 每个跟随者对应的评价网络的学习率设置为 $\eta_t^1 = 0.01/(1+t)^{0.01}$, $\eta_t^2 = 0.01/(1+t)^{0.01}$. 跟随者 1 的初始超参数设置为 $[e^{-0.5}, 1, 1, 1, 1, 1, e^{-0.001}]$. 跟随者 2, 3 的初始超参数设置为 $[e^{-0.5}, 1, 1, 1, 1, e^{-0.001}]$, 跟随者 4 的初始超参数设置为 $[e^{-0.5}, 1, 1, 1, e^{-0.001}]$.

在基于神经网络构建评价网络的一致性控制算法中, 采用和文献[94]相同的设置构建评价-执行网络, 其中学习率设置为 $\eta_{ci} = \eta_{ai} = 0.01$. 跟随者对应的执行网络的激活函数均选择为 $\varphi_i(k) = e_i(k)$, 评价网络的激活函数选择如下:

$\phi_{c1}(k) = [e_{11}^2(k), e_{12}^2(k), u_1^2(k), u_2^2(k), u_4^2(k)]^T$, $\phi_{c2}(k) = [e_{21}^2(k), e_{22}^2(k), u_2^2(k), u_3^2(k)]^T$,

$\phi_{c3}(k) = [e_{31}^2(k), e_{32}^2(k), u_3^2(k), u_1^2(k)]^T$, $\phi_{c4}(k) = [e_{41}^2(k), e_{42}^2(k), u_4^2(k)]^T$.

两种方法最终得到的控制策略使得四个跟随者的局部一致性误差渐近收敛于零, 如图 5.12 所示. 图 5.12(a)为 GK-ACD 算法得到的局部一致性误差的动态曲线. 文献[94]中的一致性控制方法得到的局部一致性误差的动态曲线如图 5.12(b)所示. 对比图 5.12(a)和图 5.12(b)可知, GK-ACD 算法使局部一致性误差收敛到 0 需要的时间更短. 这主要是由两个方面造成的: ①文献[94]中采用梯度下降方法进行执行网络的更新, 与 KHDP 算法类似, 而 GK-ACD 采用直接策略寻优进行动作的选择; ②文献[94]中, 评价网络的激活函数是根据先验知识进行设计的, 仅由状态和动作变量的二次项形式组成, 会影响值函数逼近的效果. 不准确的值函数会影响执行动作的选择, 进而影响一致性控制方法的控制效果.

GK-ACD 算法得到的跟随者和领航者的状态随迭代次数变化的曲线如图 5.13 所示, 四个跟随者状态对应的二维平面图如图 5.14 所示, 跟随者和领航者状态对应的三维图如图 5.15 所示. 从图 5.13~图 5.15 可知, 所有跟随者状态最终实现了与领航

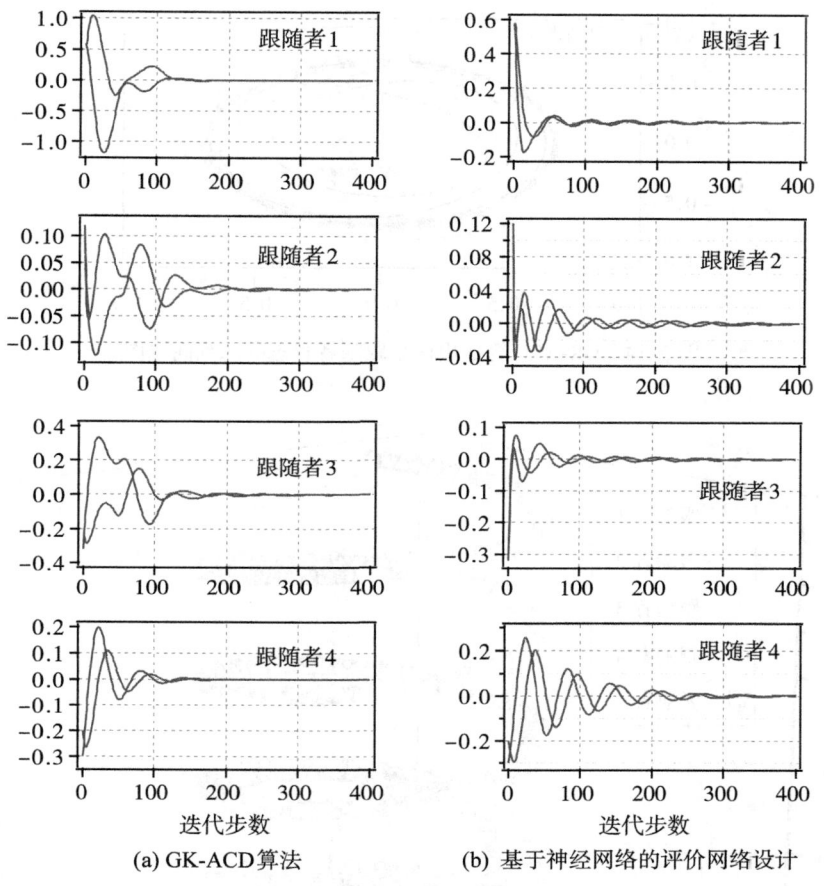

(a) GK-ACD算法　　　　(b) 基于神经网络的评价网络设计

图 5.12　一致性误差的收敛效果对比图

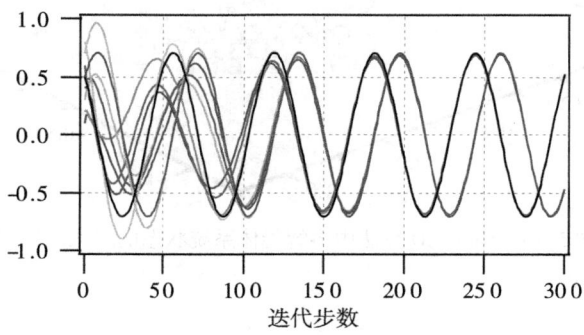

图 5.13　GK-ACD 算法中多智能体系统状态变化曲线

者状态的一致. 仿真结果验证了 GK-ACD 算法在多智能体系统一致性控制应用中的有效性.

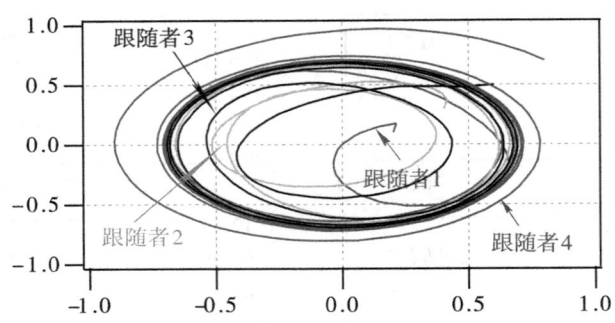

图 5.14　GK-ACD 算法中四个跟随者状态的二维曲线图

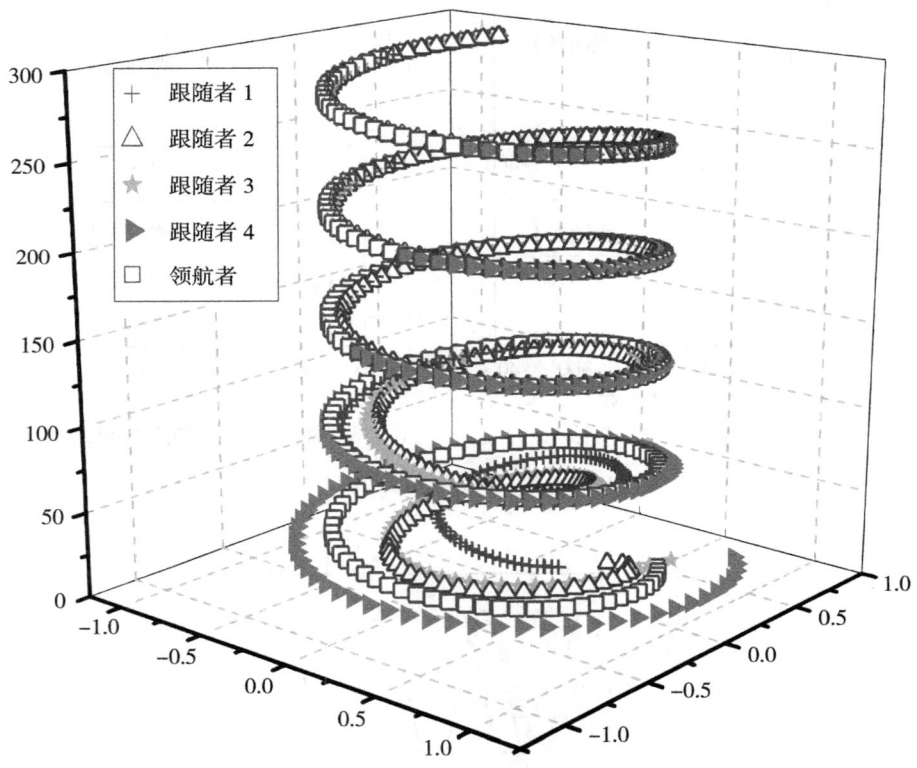

图 5.15　GK-ACD 算法中多智能体系统状态的三维曲线图

5.6　本章小结

传统基于核函数的评价网络设计中影响核函数模型的超参数是根据经验知识预先

选择的，这种预先选择超参数的方式可能会导致值函数的迭代学习从错误的超参数假设空间开始，从而无法逼近真实的值函数，甚至会导致值函数迭代学习失败. 针对这一问题，本章提出了基于高斯过程回归的非参数化评价网络设计算法——GK-ACD 算法，该算法采用超参数优化和值函数迭代同时进行的双阶段值迭代框架来实现对评价网络的更新.

本章的主要工作总结如下：

（1）采用高斯过程回归构建 ADP 的评价网络进行值函数逼近，并分析了高斯过程回归超参数优化与值函数逼近之间的耦合关系；

（2）为解除这种耦合关系，提出了同时进行值函数逼近和超参数优化的双阶段值迭代算法，并采用随机逼近方法证明了所提算法的收敛性，得到了保证算法收敛的充分条件.

本章所提算法在传统值函数模型参数学习的基础上，提供了一种实现模型选择的迭代学习方法，可以减小由于超参数主观选择所导致的值函数逼近误差，使学习到的值函数更加准确，促进了 ADP 方法在模型未知情况中的应用.

第6章 总结与展望

本章首先对全书进行总结和归纳，然后分析在利用 ADP 实现多智能体一致性控制的研究中需要进一步解决的问题，以及评价网络设计方法中存在的一些问题，并对未来的研究工作进行展望.

6.1 总　　结

本书针对传统多智能体系统一致性控制方法中需要知道模型信息、没有考虑最优性、存在部分可观环境等问题，借助 ADP 方法解决模型无关的多智能体系统最优一致性控制问题，为系统模型未知情况下的多智能体系统一致性协议的设计提供了新的思路. 本书提出了线性多智能体系统的最优包含控制方法、非线性多智能体系统最优一致性控制方法以及针对部分可观环境的线性多智能体系统最优输出一致性控制方法. 此外，本书还对 ADP 中评价网络的设计方法进行了研究，提出了基于高斯过程回归的双阶段值迭代评价网络设计方法，对改善复杂未知环境下 ADP 方法的适用性、促进系统模型未知情况下多智能体系统一致性控制的发展具有重要意义.

本书取得的主要研究成果如下：

(1) 研究了模型未知情况下线性多智能体系统最优包含控制问题. 设计了局部邻域包含误差，并证明了当多智能体系统的通信拓扑图为平衡图时，局部邻域包含误差收敛到零会实现多智能体系统的包含控制. 为此，多智能体系统的最优包含控制问题转换为关于局部邻域包含误差的最优调节问题. 针对局部邻域包含控制误差系统，定义了包括跟随者局部邻域包含误差和控制输入及其邻居跟随者控制输入的局部性能指标函数. 通过最小化局部性能指标函数得到了耦合的 HJB 方程，证明了耦合 HJB 方程的解可以使局部包含误差系统稳定，即可以实现多智能体系统的包含控制，并且满足纳什均衡. 而当系统模型未知时，通过定义局部 Q 函数，提出基于局部 Q 函数的值迭代 ADP 方法以逼近耦合 HJB 方程的解，并对所提方法的收敛性从理论上进行了证明. 为实现所提方法，引入了基于多项式拟合的评价-执行网络结构，其中评价网络和执行网络分别用以逼近最优局部 Q 函数和最优控制策略，并通过数值仿真实验验证了所提最优包含控制方法的有效性. 所提的模型无关最优包含控制方法获得的控制器不仅可以保证系统的稳定性, 而且还能保证系统性能的最优性, 从而达到降低系统成本的目的.

(2) 研究了非线性多智能体系统的最优一致性控制问题. 非线性多智能体系统最优一致性控制方法依赖于求解非线性耦合的 HJB 方程. 传统的采用 ADP 方法进行耦合 HJB 方程逼近求解时, 需要知道系统的模型信息. 针对这一问题, 结合定义的局部 Q 函数, 提出基于局部 Q 函数的分布式策略迭代 ADP 方法, 在系统模型信息未知的情况下通过迭代学习的方法实现了对耦合 HJB 方程的逼近求解. 相比于值迭代方法, 策略迭代能够保证在每次迭代过程中获得的控制策略均为容许控制策略. 同时, 从理论上分析了基于局部 Q 函数的分布式策略迭代方法的收敛性, 并证明了每次迭代获得的控制策略均为容许控制策略. 构建了基于神经网络的评价-执行网络结构以实现所提的分布式策略迭代方法. 相比于传统的基于 ADP 的非线性多智能体系统一致性控制方法, 本书所提出的分布式策略迭代方法不需要知道系统的模型信息且不需要采用系统辨识方法, 能够降低对系统模型的依赖, 减少了采用系统辨识时所导致的辨识误差.

(3) 研究了针对部分可观环境的异构多智能体系统最优输出一致性控制问题. 首先, 采用自适应分布式观测器, 将多智能体系统的最优输出一致性控制问题转换为分布式最优跟踪控制问题, 构建了包含跟随者系统和领航者系统的增广系统. 针对跟随者系统内部状态不可观的问题, 利用可观测的历史输入/输出数据构建状态表示向量对系统内部状态进行了替换, 并从理论上对所提的状态表示方法的合理性进行了证明. 然后, 为实现模型未知情况下最优跟踪控制问题的求解, 利用状态表示向量定义了 Q 函数, 结合定义的 Q 函数和 ADP 方法, 提出了 ADP 的值迭代算法以逼近最优跟踪控制策略和最优 Q 函数, 同时对迭代算法的收敛性进行了分析. 所提方法克服了传统状态观测器设计所需系统模型信息的缺点, 在仅利用系统的输入/输出数据的前提下, 实现了模型无关的异构多智能体系统最优输出一致性控制.

(4) 研究了自适应评价网络设计方法. 由于评价网络的设计会对 ADP 方法的性能产生直接影响, 评价网络的设计需要具备良好的逼近性能, 以更准确地逼近值函数. 传统的值函数逼近方法需要利用先验知识对值函数模型进行构建, 为克服这一难点问题, 提出了基于高斯过程回归的双阶段值迭代评价网络设计方法. 该方法在进行值函数逼近时, 能够同时优化影响值函数模型的超参数, 即从值函数学习和超参数优化两个阶段进行评价网络的更新. 首先, 对利用高斯过程回归进行值函数逼近和采用极大似然估计优化超参数两者存在的耦合关系进行了分析. 然后, 为解除这种耦合关系, 提出了同时进行值函数更新和超参数优化的双阶段值迭代算法, 并对所提算法的收敛性进行了分析, 得到了算法收敛需要满足的条件, 指出了影响算法收敛性的主要因素在于如何设计两个阶段迭代学习的学习率. 最后, 通过与经典的基于高斯过程回归的

GPSARSA 算法、基于核函数的 KHDP 算法以及文献[94]中基于神经网络的评价网络设计方法进行对比,从仿真实验的角度讨论了影响双阶段值迭代算法收敛的主要条件,同时验证了双阶段值迭代算法的有效性. 所提算法实现了值函数模型和值函数同时更新,能够使学习到的值函数更加准确,同时促进了 ADP 方法在模型未知条件下多智能体系统一致性控制中的应用.

6.2 展　　望

基于 ADP,本书提出了几种模型无关的多智能体系统最优一致性控制方法,包括提出了模型无关的针对线性多智能体系统最优包含控制方法、基于评价-执行网络的非线性多智能体系统最优一致性控制方法以及部分可观环境下线性异构多智能体系统的最优输出一致性控制方法. 这些方法为模型无关的多智能体系统一致性控制提供了新的思路. 同时,本书所提的基于双阶段值迭代的评价网络设计方法在一定程度上可以解决系统模型未知情况下 ADP 中评价网络设计的问题,从而促进 ADP 方法在多智能体系统一致性控制中的应用.

然而,上述方法仍然存在一些不足之处有待完善. 今后可从以下几个方面做更深入的探索:

(1) 在利用 ADP 方法进行多智能体系统一致性研究方面,可从以下三个方面进行拓展研究:

● 由于智能体间在通信网络中传输信号以及计算和执行控制输入不可避免地会花费时间,导致多智能体系统存在时滞现象. 众所周知,时滞会降低系统性能,甚至破坏系统的稳定性. 研究 ADP 方法对于解决在模型未知多智能体系统存在时滞情况下的最优一致性问题具有重要意义.

● 在工程问题中,多智能体系统的通信拓扑可能为时变或者切换的. 此外,在工程实践中存在对控制精度要求比较高的特殊系统,如机器人操控系统、多无人机协同作战系统等,这类系统要求系统的快速反应能力,要求系统在有限时间内达到一致. 而本书的研究点侧重固定拓扑下的渐近一致性控制. 时变或者切换拓扑以及有限时间收敛的要求会影响一致性控制器的设计. 因此,考虑这些复杂的、更贴近实际应用的问题,是推广 ADP 方法在一致性控制中应用的关键之一.

● 事件驱动方法可以有效地降低计算成本,文献[161]和文献[162]将事件驱动方法与 ADP 方法相结合,解决了线性系统和非线性系统的优化控制问题,实现了在不降低原有算法有效性的前提下降低了计算成本. 在利用 ADP 方法实现多智能体系统一致性控制中,本书所提的算法涉及多个迭代过程,需要智能体间的通信,并且存在多个评价-执行网络,当智能体数量较多时会造成较高的计算复杂度. 如何将所提的基于 ADP 的一致性控制方法与事件驱动方法相结合,以提高计算和通信效率,是一个值得研究的方向.

(2) 在基于高斯过程回归的评价网络设计的研究方面,可以从以下两个方面进行优化:

- 值函数逼近和超参数优化两个阶段的学习率设计是影响双阶段值迭代算法的关键因素. 本书采用试错的方式得到了满足条件(5.13)的学习率经验设计方式. 因此,如何简化条件(5.13),得到合理的设计方法选择双阶段的学习率,对提高双阶段值迭代算法工程适用性具有重要意义.

- 利用高斯过程回归构建评价网络,在进行值函数逼近和超参数优化的迭代计算的过程中涉及大量的矩阵求逆运算,而矩阵的规模与样本集中样本的数量相关,这就造成了双阶段值迭代算法的计算复杂度与样本集中样本数量成立方比例关系. 当被控对象较为复杂时,需要大量的样本构建样本集,会造成算法的计算复杂度较高. 需要研究新的稀疏化方法或者采用局部高斯过程回归的方式构建评价网络以加快双阶段值迭代算法的学习速度.

参 考 文 献

[1] Couzin I D, Krause J, James R, et al. Collective memory and spatial sorting in animal groups [J]. Journal of Theoretical Biology, 2002, 218（1）：1-11.

[2] Pitcher T, Partridge B, Wardle C. A blind fish can school [J]. Science, 1976, 194：963-965.

[3] Okubo A. Dynamical aspects of animal grouping：swarms, schools, flocks and herds [J]. Advances in Biophysics, 1986, 22：1-94.

[4] 林娜. 基于事件触发的网络化多智能体系统一致性问题研究 [D]. 合肥：中国科学技术大学, 2023.

[5] Weiss G. Multi-agent Systems：A modern approach to distributed artificial intelligence [M]. Cambridge, MA：MIT Press, 1999.

[6] Li X, Tang Y, Zou Y, et al. A hybrid time/event-triggered interaction framework for multi-agent consensus with relative measurements [J]. Automatica, 2024, 159：111369.

[7] Zuo Z, Ke R, Han Q L. Fully distributed adaptive practical fixed-time consensus protocols for multi-agent systems [J]. Automatica, 2023, 157：111248.

[8] 程代展, 陈翰馥. 从群集到社会行为控制 [J]. 科技导报, 2004（8）：4-7.

[9] 胡翔, 熊余, 张祖凡. DOS攻击下饱和脉冲多智能体系统的安全定制化一致性 [J]. 2024, 50（12）：2001-2014.

[10] 牟瑞. 多智能体系统分布式事件触发一致性控制 [D]. 济南：山东大学, 2023.

[11] Jin L, Zheng X, Luo X. Neural dynamics for distributed collaborative control of manipulators with time delays [J]. IEEE/CAA Journal of Automatica Sinica, 2022, 9（5）：854-863.

[12] Raviola A, Guida R, Bertolino A C, et al. A comprehensive multibody model of a collaborative robot to support model-based health management [J]. Robotics, 2023, 12（3）：71.

[13] He J, Cheng P, Shi L, et al. Sats：Secure average-consensus-based time synchronization in wireless sensor networks [J]. IEEE Transactions on Signal

Processing, 2013, 61 (24): 6387-6400.

[14] Schenato L, Fiorentin F. Average timesynch: A consensus-based protocol for clock synchronization in wireless sensor networks [J]. Automatica, 2011, 47 (9): 1878-1886.

[15] Bertsekas D P, Tsitsiklis J N. Parallel and distributed computation: numerical methods [M]. Englewood Cliffs, NJ: Prentice-Hall, 1989.

[16] Yu W W, Chen G R, Wang Z D, et al. Distributed consensus filtering in sensor networks [J]. IEEE Transactions on Systems, Man and Cybernetics, Part B: Cybernetics, 2009, 39 (6): 1568-1577.

[17] Ren W, Beard R W. Distributed consensus in multi-vehicle cooperative control [M]. London: Springer-Verlag, 2008.

[18] Cortes J, Martinez S. Distributed control of robotic networks [M]. Princeton: Princeton University Press, 2009.

[19] Wang X, Yadav V, Balakrishnan S N. Cooperative UAV formation flying with obstacle/collision avoidance [J]. IEEE Transactions on Control Systems Technology, 2007, 15 (4): 672-679.

[20] Wang J, Xin M. Integrated optimal formation control of multiple unmanned aerial vehicles [J]. IEEE Transactions on Control Systems Technology, 2013, 21 (5): 1731-1744.

[21] Oh K K, Ahn H S. Formation control of mobile agents based on distributed position estimation [J]. IEEE Transactions on Automatic Control, 2013, 58 (3): 737-742.

[22] Xiao F, Wang L, Chen J, et al. Finite-time formation control for multi-agent systems [J]. Automatica, 2009, 45 (11): 2605-2611.

[23] Poksawat P, Wang L, Mohamed A. Automatic tuning of attitude control system for fixed-wing unmanned aerial vehicles [J]. IET Control Theory & Applications, 2016, 10 (17): 2233-2242.

[24] Liu H, Li D, Zuo Z, et al. Robust attitude control for quadrotors with input time delays [J]. Control Engineering Practice, 2017, 58: 142-149.

[25] Xu Y, Liu W, Gong J. Stable multi-agent-based load shedding algorithm for power systems [J]. IEEE Transactions on Power Systems, 2011, 26 (4): 2006-2014.

[26] 孔祥玉, 曾意, 陆宁, 等. 基于多智能体竞价均衡的微电网优化运行方法 [J]. 中国电机工程学报, 2017, 6: 1626-1633.

[27] Tang Q, Eberhard P. Cooperative motion of swarm mobile robots based on particle

swarm optimization and multibody system dynamics [J]. Mechanics Based Design of Structures and Machines, 2011, 39 (2): 179-193.

[28] Jolly K G, Ravindran K P, Vijayakumar R, et al. Intelligent decision making in multi-agent robot soccer system through compounded artificial neural networks [J]. Robotics and Autonomous Systems, 2007, 55 (7): 589-596.

[29] 苏厚胜. 多智能体蜂拥控制问题研究 [D]. 上海: 上海交通大学, 2008.

[30] 陈世明, 邱昀, 刘俊恺, 等. 基于社区划分的多智能体网络快速蜂拥控制 [J]. 控制与决策, 2018, 33 (8): 1523-1526.

[31] Zhu J, Lu J, Yu X. Flocking of multi-agent non-holonomic systems with proximity graphs [J]. IEEE Transactions on Circuits and Systems, 2013, 60 (1): 199-210.

[32] Wu D J. Software agents for knowledge management: coordination in multi-agent supply chains and auctions [J]. Expert Systems with Applications, 2001, 20 (1): 51-64.

[33] Li S L. AgentStra: An Internet-based multi-agent intelligent system for strategic decision-making [J]. Expert Systems with Applications, 2007, 33 (3): 565-571.

[34] Miao Z, Fan L. A novel multi-agent decision making architecture based on dual's dual problem formulation [J]. IEEE Transactions on Smart Grid, 2018, 9 (2): 1150-1160.

[35] Vidhate D A, Kulkarni P. Improved decision making in multiagent system for diagnostic application using cooperative learning algorithms [J]. International Journal of Information Technology, 2018, 10 (2): 201-209.

[36] 潘欢. 二阶多智能体一致性算法研究 [D]. 长沙: 中南大学, 2012.

[37] Powell W B. Approximate dynamic programming: Solving the curses of dimensionality [M]. Hoboken: John Wiley & Sons, 2007.

[38] Sutton R, Barto A. Reinforcement learning: an introduction [M]. Cambridge, MA: MIT Press, 2018.

[39] 林小峰, 宋绍剑, 宋春宁. 基于自适应动态规划的智能优化控制 [M]. 北京: 科学出版社, 2013.

[40] Werbos P J. Advanced forecasting methods for global crisis warning and models of intelligence [J]. General System Yearbook, 1977, 22 (12): 25-38.

[41] Werbos P J. Building and understanding adaptive systems: A statistical/numerical approach to factory automation and brain research [J]. IEEE Transactions on Systems, Man, and Cybernetics, 1987, 17 (1): 7-20.

[42] Prokhorov D V, Wunsch D C. Adaptive critic designs [J]. IEEE Transactions on Neural Networks, 1997, 8 (5): 997-1007.

［43］ Landelius T. Reinforcement learning and distributed local model synthesis ［D］. Sweden: Linköping University, 1997.

［44］ Liu D, Wei Q, Wang D, et al. Adaptive dynamic programming with applications in optimal control ［M］. London: Springer, 2017.

［45］ Lewis F L, Vrabie D. Reinforcement learning and adaptive dynamic programming for feedback control ［J］. IEEE Circuits and Systems Magazine, 2009, 9 (3): 32-50.

［46］ 刘德荣, 李宏亮, 王鼎. 基于数据的自学习优化控制: 研究进展与展望 ［J］. 自动化学报, 2013, 39 (11): 1858-1870.

［47］ Al-Tamimi A, Lewis F L, Abu-Khalaf M. Discrete-time nonlinear HJB solution using approximate dynamic programming: Convergence proof ［J］. IEEE Transactions on Systems, Man, and Cybernetics, Part B: Cybernetics, 2008, 38 (4): 943-949.

［48］ Wei Q, Lewis F L, Liu D, et al. Discrete-time local value iteration adaptive dynamic programming: Convergence analysis ［J］. IEEE Transactions on Systems, Man, and Cybernetics: Systems, 2018, 48 (6): 875-891.

［49］ Dierks T, Thumati B T, Jagannathan S. Optimal control of unknown affine nonlinear discrete-time systems using offline-trained neural networks with proof of convergence ［J］. Neural Networks, 2009, 22 (5): 851-860.

［50］ Zhang H, Wei Q, Luo Y. A novel infinite-time optimal tracking control scheme for a class of discrete-time nonlinear systems via the greedy HDP iteration algorithm ［J］. IEEE Transactions on Systems, Man, and Cybernetics, Part B: Cybernetics, 2008, 38 (4): 937-942.

［51］ Al-Tamimi A, Lewis F L, Abu-Khalaf M. Model-free Q-learning designs for linear discrete-time zero-sum games with application to H-infinity control ［J］. Automatica, 2007, 43 (3): 473-481.

［52］ Bian T, Jiang Z P. Value iteration and adaptive dynamic programming for data-driven adaptive optimal control design ［J］. Automatica, 2016, 71: 348-360.

［53］ Murray J J, Cox C J, Lendaris G G, et al. Adaptive dynamic programming ［J］. IEEE Transactions on Systems, Man, and Cybernetics, Part C: Applications and Reviews, 2002, 32 (2): 140-153.

［54］ Abu-Khalaf M, Lewis F L. Nearly optimal control laws for nonlinear systems with saturating actuators using a neural network HJB approach ［J］. Automatica, 2005, 41 (5): 779-791.

［55］ Vrabie D, Pastravanu O, Abu-Khalaf M, et al. Adaptive optimal control for continuous-time linear systems based on policy iteration [J]. Automatica, 2009, 45 (2): 477-484.

[56] Vamvoudakis K G, Lewis F L. Online actor-critic algorithm to solve the continuous-time infinite horizon optimal control problem [J]. Automatica, 2010, 46 (5): 878-888.

[57] Lee J Y, Park J B, Choi Y H. Integral Q-learning and explorized policy iteration for adaptive optimal control of continuous-time linear systems [J]. Automatica, 2012, 48 (11): 2850-2859.

[58] Zhao D, Xia Z, Wang D. Model-free optimal control for affine nonlinear systems with convergence analysis [J]. IEEE Transactions on Automation Science and Engineering, 2015, 12 (4): 1461-1468.

[59] Jiang Y, Jiang Z P. Robust adaptive dynamic programming and feedback stabilization of nonlinear systems [J]. IEEE Transactions on Neural Networks and Learning Systems, 2014, 25 (5): 882-893.

[60] Jiang Y, Jiang Z P. Robust adaptive dynamic programming [M]. Hoboken: John Wiley & Sons, 2017.

[61] Jiang Z P, Jiang Y. Robust adaptive dynamic programming for linear and nonlinear systems: An overview [J]. European Journal of Control, 2013, 19 (5): 417-425.

[62] DeGroot M H. Reaching a consensus [J]. Journal of the American Statistical Association, 1974, 69 (345): 118-121.

[63] Reynolds C W. Flocks, herds and schools: A distributed behavioral model [J]. ACM SIGGRAPH Computer Graphics, 1987, 21 (4): 25-34.

[64] Vicsek T, Czirók A, Ben-Jacob E, et al. Novel type of phase transition in a system of self-driven particles [J]. Physical Review Letters, 1995, 75 (6): 1226-1229.

[65] Jadbabaie A, Lin J, Morse A S. Coordination of groups of mobile autonomous agents using nearest neighbor rules [J]. IEEE Transactions on Automatic Control, 2003, 48 (6): 988-1001.

[66] Olfati-Saber R, Murray R M. Consensus problems in networks of agents with switching topology and time-delays [J]. IEEE Transactions on Automatic Control, 2004, 49 (9): 1520-1533.

[67] 周托, 刘全利, 王东, 等. 积分事件触发策略下的线性多智能体系统领导跟随一致性 [J]. 控制与决策, 2022, 37 (5): 1258-1266.

[68] 贾亚鹏, 赵琦, 郑元世. 异质多智能体系统的合围控制 [J]. 控制与决策, 2024,

39（7）：2267-2274.

[69] Wang Y, Cheng L, Ren W, et al. Containment control of multi-agent systems with dynamic leaders based on a PI^n-type approach [J]. IEEE Transactions on Cybernetics, 2015, 46（12）：3004-3017.

[70] Olfati-Saber R, Fax J A, Murray R M. Consensus and cooperation in networked multi-agent systems [J]. IEEE, 2007, 95（1）：215-233.

[71] Zhang L, Liu S, Hua C. Leader-following consensus control for nonlinear multiagent systems with unknown time-varying measurement sensitivity and infinite communication delays [J]. Journal of the Franklin Institute, 2024, 361（3）：1127-1139.

[72] Wang M, Hu J, Alsaedi A, Cao J. Leader-following consensus control of unknown nonlinear mass under false data injection attacks [J]. IEEE Transactions on Network Science and Engineering, 2024, 11（5）：4513-4524.

[73] Zhang K, Zhou B, Yang X, et al. Prescribed-time leader-following consensus of linear multi-agent systems by bounded linear time-varying protocols [J]. Science China Information Sciences, 2024, 67（1）：112201.

[74] Ji M, Ferrari-Trecate G, Egerstedt M, et al. Containment control in mobile networks [J]. IEEE Transactions on Automatic Control, 2008, 53（8）：1972-1975.

[75] Cao Y, Stuart D, Ren W, et al. Distributed containment control for multiple autonomous vehicles with double-integrator dynamics: algorithms and experiments [J]. IEEE Transactions on Control Systems Technology, 2011, 19（4）：929-938.

[76] Liu H, Xie G, Wang L. Necessary and sufficient conditions for containment control of networked multi-agent systems [J]. Automatica, 2012, 48（7）：1415-1422.

[77] Haghshenas H, Badamchizadeh M A, Baradarannia M. Containment control of heterogeneous linear multi-agent systems [J]. Automatica, 2015, 54：210-216.

[78] Ma Q, Miao G. Distributed containment control of linear multi-agent systems [J]. Neurocomputing, 2014, 133：399-403.

[79] Liu H, Cheng L, Tan M, et al. Containment control of general linear multi-agent systems with multiple dynamic leaders: A fast sliding mode based approach [J]. IEEE/CAA Journal of Automatica Sinica, 2014, 1（2）：134-140.

[80] Wang D, Zhang N, Wang J, et al. Cooperative containment control of multiagent systems based on follower observers with time delay [J]. IEEE Transactions on Systems, Man, and Cybernetics: Systems, 2017, 47（1）：13-23.

[81] Li Y, Hua C, Wu S, et al. Output feedback distributed containment control for high-

order nonlinear multiagent systems [J]. IEEE Transactions on Cybernetics, 2017, 47 (8): 2032-2043.

[82] Yoo S J. Distributed adaptive containment control of uncertain nonlinear multi-agent systems in strict-feedback form [J]. Automatica, 2013, 49 (7): 2145-2153.

[83] Bertsekas D P. Dynamic programming and optimal control [M]. Belmont, MA: Athena scientific, 2005.

[84] Hong Y, Hu J, Gao L. Tracking control for multi-agent consensus with an active leader and variable topology [J]. Automatica, 2006, 42 (7): 1177-1182.

[85] Ren W, Moore K L, Chen Y Q. High-order and model reference consensus algorithms in cooperative control of multivehicle systems [J]. Journal of Dynamic Systems, Measurement, and Control, 2007, 129 (5): 678-688.

[86] Ren W, Beard R W. Consensus seeking in multiagent systems under dynamically changing interaction topologies [J]. IEEE Transactions on Automatic Control, 2005, 50 (5): 655-661.

[87] Hu J, Hong Y. Leader-following coordination of multi-agent systems with coupling time delays [J]. Physica A: Statistical Mechanics and Its Applications, 2007, 374 (2): 853-863.

[88] Parsons S, Wooldridge M. Game theory and decision theory in multi-agent systems [J]. Autonomous Agents and Multi-Agent Systems, 2002, 5 (3): 243-254.

[89] Basar T, Olsder G J. Dynamic noncooperative game theory [M]. 2 ed. Society for Industrial and Applied Mathematics, 1999.

[90] Vamvoudakis K G, Lewis F L. Multi-player non-zero-sum games: Online adaptive learning solution of coupled Hamilton – Jacobi equations [J]. Automatica, 2011, 47 (8): 1556-1569.

[91] Wei Q, Liu D, Lewis F L. Optimal distributed synchronization control for continuous-time heterogeneous multi-agent differential graphical games [J]. Information Sciences, 2015, 317: 96-113.

[92] Zhang H, Yue D, Dou C, et al. Data-driven distributed optimal consensus control for unknown multiagent systems with input-delay [J]. IEEE Transactions on Cybernetics, 2019, 49 (6): 2095-2105.

[93] Vamvoudakis K G. Q-learning for continuous-time graphical games on large networks with completely unknown linear system dynamics [J]. International Journal of Robust and Nonlinear Control, 2017, 27 (16): 2900-2920.

[94] Zhang H, Jiang H, Luo Y, et al. Data-driven optimal consensus control for discrete-time multi-agent systems with unknown dynamics using reinforcement learning method [J]. IEEE Transactions on Industrial Electronics, 2017, 64 (5): 4091-4100.

[95] Zhong X, He H. GrHDP solution for optimal consensus control of multiagent discrete-time systems [J]. IEEE Transactions on Systems, Man, and Cybernetics: Systems, 2020, 50 (7): 2362-2374.

[96] Jiang H, He H. Data-driven distributed output consensus control for partially observable multiagent systems [J]. IEEE Transactions on Cybernetics, 2019, 49 (3): 848-858.

[97] Li J, Modares H, Chai T, et al. Off-policy reinforcement learning for synchronization in multiagent graphical games [J]. IEEE Transactions on Neural Networks and Learning Systems, 2017, 28 (10): 2434-2445.

[98] Xiao X, Li X. Adaptive dynamic programming method-based synchronisation control of a class of complex dynamical networks with unknown dynamics and actuator faults [J]. IET Control Theory & Applications, 2017, 12 (2): 291-298.

[99] Qu Y, Wang A, Liu J. Model-free cooperative control for multi-agent systems using the approximate dynamic programming approach [J]. IEEE Access, 2018, 6: 37195-37203.

[100] Zhang H, Zhang J, Yang G H, et al. Leader-based optimal coordination control for the consensus problem of multiagent differential games via fuzzy adaptive dynamic programming [J]. IEEE Transactions on Fuzzy Systems, 2015, 23 (1): 152-163.

[101] Tatari F, Naghibi-Sistani M B, Vamvoudakis K G. Distributed learning algorithm for non-linear differential graphical games [J]. Transactions of the Institute of Measurement and Control, 2017, 39 (2): 173-182.

[102] Zhang J, Zhang H, Feng T. Distributed optimal consensus control for nonlinear multiagent system with unknown dynamic [J]. IEEE Transactions on Neural Networks and Learning Systems, 2018, 29 (8): 3339-3348.

[103] Kamalapurkar R, Dinh H, Walters P, et al. Approximate optimal cooperative decentralized control for consensus in a topological network of agents with uncertain nonlinear dynamics [C] //2013 American Control Conference (ACC), Washington, USA, 2013: 1322-1327.

[104] Adam S, Busoniu L, Babuska R. Experience replay for real-time reinforcement learning control [J]. IEEE Transactions on Systems, Man, and Cybernetics, Part C:

Applications and Reviews, 2012, 42 (2): 201-212.

[105] Wang W, Chen X, Fu H, et al. Model-free distributed consensus control based on actor-critic framework for discrete-time nonlinear multiagent systems [J]. IEEE Transactions on Systems, Man, and Cybernetics: Systems, 2020, 50 (11): 4123-4134.

[106] Wang F, Chen X, He Y, et al. Finite-time consensus problem for second-order multi-agent systems under switching topologies [J]. Asian Journal of Control, 2017, 19 (5): 1756-1766.

[107] Zhang H, Feng T, Liang H, et al. LQR-based optimal distributed cooperative design for linear discrete-time multiagent systems [J]. IEEE Transactions on Neural Networks and Learning Systems, 2017, 28 (3): 599-611.

[108] Abdessameud A, Tayebi A. On consensus algorithms design for double integrator dynamics [J]. Automatica, 2013, 49 (1): 253-260.

[109] 左姗. 异构多智能体系统的输出一致性研究 [D]. 成都：电子科技大学, 2018.

[110] Wang X, Hong Y, Huang J, et al. A distributed control approach to a robust output regulation problem for multi-agent linear systems [J]. IEEE Transactions on Automatic Control, 2010, 55 (12): 2891-2895.

[111] Su Y, Huang J. Cooperative output regulation of linear multi-agent systems [J]. IEEE Transactions on Automatic Control, 2012, 57 (4): 1062-1066.

[112] Wieland P, Sepulchre R, Allgöwer F. An internal model principle is necessary and sufficient for linear output synchronization [J]. Automatica, 2011, 47 (5): 1068-1074.

[113] Isidori A, Marconi L, Casadei G. Robust output synchronization of a network of heterogeneous nonlinear agents via nonlinear regulation theory [J]. IEEE Transactions on Automatic Control, 2014, 59 (10): 2680-2691.

[114] Tang Y, Hong Y, Wang X. Distributed output regulation for a class of nonlinear multi-agent systems with unknown-input leaders [J]. Automatica, 2015, 62: 154-160.

[115] Ding Z. Adaptive consensus output regulation of a class of nonlinear systems with unknown high-frequency gain [J]. Automatica, 2015, 51: 348-355.

[116] Yang T, Saberi A, Stoorvogel A A, et al. Output synchronization for heterogeneous networks of introspective right-invertible agents [J]. International Journal of Robust and Nonlinear Control, 2014, 24 (13): 1821-1844.

[117] Xu X, Liu L, Feng G. Consensus of discrete-time linear multiagent systems with communication, input and output delays [J]. IEEE Transactions on Automatic Control, 2018, 63 (2): 492-497.

[118] Duan J, Zhang H, Wang Y, et al. Output consensus of heterogeneous linear MASs by self-triggered MPC scheme [J]. Neurocomputing, 2018, 315: 476-485.

[119] Ding Z. Consensus output regulation of a class of heterogeneous nonlinear systems [J]. IEEE Transactions on Automatic Control, 2013, 58 (10): 2648-2653.

[120] Han J, Zhang H, Jiang H, et al. H_∞ consensus for linear heterogeneous multi-agent systems with state and output feedback control [J]. Neurocomputing, 2018, 275: 2635-2644.

[121] Modares H, Nageshrao S P, Delgado Lopes G A, et al. Optimal model-free output synchronization of heterogeneous systems using off-policy reinforcement learning [J]. Automatica, 2016, 71: 334-341.

[122] Modares H, Lewis F L, Davoudi A. Optimal output synchronization of nonlinear multi-agent systems using approximate dynamic programming [C]. //2016 International Joint Conference on Neural Networks (IJCNN), Vancouver, Canada, 2016: 4227-4232.

[123] Zhang H, Liang H, Wang Z, et al. Optimal output regulation for heterogeneous multiagent systems via adaptive dynamic programming [J]. IEEE Transactions on Neural Networks and Learning Systems, 2017, 28 (1): 18-29.

[124] Kiumarsi B, Lewis F L. Output synchronization of heterogeneous discrete-time systems: A model-free optimal approach [J]. Automatica, 2017, 84: 86-94.

[125] Yang Y, Modares H, Wunsch D C, et al. Leader-follower output synchronization of linear heterogeneous systems with active leader using reinforcement learning [J]. IEEE Transactions on Neural Networks and Learning Systems, 2018, 29 (6): 2139-2153.

[126] Zuo S, Song Y, Lewis F L, et al. Optimal robust output containment of unknown heterogeneous multiagent system using off-policy reinforcement learning [J]. IEEE Transactions on Cybernetics, 2017, 48 (11): 3197-3207.

[127] Abdessameud A, Tayebi A. Distributed output regulation of heterogeneous linear multi-agent systems with communication constraints [J]. Automatica, 2018, 91: 152-158.

[128] Sun J, Geng Z, Lv Y. Adaptive output feedback consensus tracking for heterogeneous

multi-agent systems with unknown dynamics under directed graphs [J]. Systems & Control Letters, 2016, 87: 16-22.

[129] Su Y, Huang J. Cooperative robust output regulation of a class of heterogeneous linear uncertain multi-agent systems [J]. International Journal of Robust and Nonlinear Control, 2014, 24 (17): 2819-2839.

[130] Zhou B, Lin Z. Consensus of high-order multi-agent systems with large input and communication delays [J]. Automatica, 2014, 50 (2): 452-464.

[131] Lewis F L, Vamvoudakis K G. Reinforcement learning for partially observable dynamic processes: Adaptive dynamic programming using measured output data [J]. IEEE Transactions on Systems, Man, and Cybernetics, Part B: Cybernetics, 2011, 41 (1): 14-25.

[132] Wei Q, Wang F Y, Liu D, et al. Finite-approximation-error-based discrete-time iterative adaptive dynamic programming [J]. IEEE Transactions on Cybernetics, 2014, 44 (12): 2820-2833.

[133] Vrabie D, Lewis F L. Neural network approach to continuous-time direct adaptive optimal control for partially unknown nonlinear systems [J]. Neural Networks, 2009, 22 (3): 237-246.

[134] Liu D, Wang D, Yang X. An iterative adaptive dynamic programming algorithm for optimal control of unknown discrete-time nonlinear systems with constrained inputs [J]. Information Sciences, 2013, 220: 331-342.

[135] Wang D, Liu D, Li H, et al. Neural-network-based robust optimal control design for a class of uncertain nonlinear systems via adaptive dynamic programming [J]. Information Sciences, 2014, 282: 167-179.

[136] Jin N, Liu D, Huang T, et al. Discrete-time adaptive dynamic programming using wavelet basis function neural networks [C] //2007 IEEE International Symposium on Approximate Dynamic Programming and Reinforcement Learning (ADPRL), Honolulu, USA, 2007: 135-142.

[137] Eaton P H, Prokhorov D V, Wunsch D C. Neurocontroller alternatives for "fuzzy" ball-and-beam systems with nonuniform nonlinear friction [J]. IEEE Transactions on Neural Networks, 2000, 11 (2): 423-435.

[138] Koprinkova-Hristova P, Oubbati M, Palm G. Adaptive critic design with echo state network [C] //2010 IEEE International Conference on Systems Man and Cybernetics (SMC), Istanbul, Turkey, 2010: 1010-1015.

[139] Xu X, Hou Z, Lian C, et al. Online learning control using adaptive critic designs with sparse kernel machines [J]. IEEE Transactions on Neural Networks and Learning Systems, 2013, 24 (5): 762-775.

[140] Chen X, Xie P, Xiong Y, et al. Two-phase iteration for value function approximation and hyperparameter optimization in Gaussian-kernel-based adaptive critic design [J]. Mathematical Problems in Engineering, 2015, DOI: 10.1155/2015/760459.

[141] Schölkopf B, Smola A J, Bach F. Learning with Kernels: support vector machines, regularization, optimization, and beyond [M]. Cambridge, MA: MIT press, 2002.

[142] Dietterich T G, Wang X. Batch value function approximation via support vectors [C] //2002 Advances in Neural Information Processing Systems (NeurIPS), Vancouver, Canada, 2002: 1491-1498.

[143] Ormoneit D, Sen Ś. Kernel-based reinforcement learning [J]. Machine Learning, 2002, 49 (2-3): 161-178.

[144] Barreto A, Precup D, Pineau J. Practical kernel-based reinforcement learning [J]. Journal of Machine Learning Research, 2016, 17 (1): 2372-2441.

[145] Ormoneit D, Glynn P. Kernel-based reinforcement learning in average-cost problems [J]. IEEE Transactions on Automatic Control, 2002, 47 (10): 1624-1636.

[146] Sugiyama M, Hachiya H, Towell C, et al. Geodesic Gaussian kernels for value function approximation [J]. Autonomous Robots, 2008, 25 (3): 287-304.

[147] Engel Y, Mannor S, Meir R. Bayes meets Bellman: The Gaussian process approach to temporal difference learning [C] //20th International Conference on Machine Learning (ICML), Washington, USA, 2003: 154-161.

[148] Engel Y, Mannor S, Meir R. Reinforcement learning with Gaussian processes [C] // 22nd International Conference on Machine Learning (ICML), Bonn, Germany, 2005: 201-208.

[149] Liu J, Xu X, Huang Z, et al. Model-free multi-kernel learning control for nonlinear discrete-time systems [J]. International Journal of Robotics and Automation, 2017, 32 (5): 538-550.

[150] Merris R. Laplacian matrices of graphs: A survey [J]. Linear Algebra and Its Applications, 1994, 197: 143-176.

[151] Mu X, Zheng B, Liu K. $L_2 - L_\infty$ containment control of multi-agent systems with markovian switching topologies and non-uniform time-varying delays [J]. IET Control Theory & Applications, 2014, 8 (10): 863-872.

参考文献

[152] Beard R W, Saridis G N, Wen J T. Galerkin approximations of the generalized Hamilton-Jacobi-Bellman equation [J]. Automatica, 1997, 33 (12): 2159-2177.

[153] Khoo S, Xie L, Man Z. Robust finite-time consensus tracking algorithm for multirobot systems [J]. IEEE/ASME Transactions on Mechatronics, 2009, 14 (2): 219-228.

[154] Rasmussen C E, Williams C K I. Gaussian process for machine learning [M]. Cambridge, MA: MIT Press, 2006.

[155] Deisenroth M P, Rasmussen C E, Peters J. Gaussian process dynamic programming [J]. Neurocomputing, 2009, 72 (7-9): 1508-1524.

[156] Watkins C, Dayan P. Q-learning [J]. Machine Learning, 1992, 8 (3-4): 279-292.

[157] Engel Y, Mannor S, Meir R. The kernel recursive least squares algorithm [J]. IEEE Transactions on Signal Processing, 2004, 52 (8): 2275-2285.

[158] Chen X, Wang W, Cao W, et al. Gaussian-kernel-based adaptive critic design using two-phase value iteration [J]. Information Sciences, 2019, 482: 139-155.

[159] Kushner H, Yin G G. Stochastic approximation and recursive algorithms and applications [M]. Berlin: Springer Science & Business Media, 2003.

[160] Modares H, Lewis F L. Linear quadratic tracking control of partially-unknown continuous-time systems using reinforcement learning [J]. IEEE Transactions on Automatic Control, 2014, 59 (11): 3051-3056.

[161] Yang X, Wei Q. Adaptive dynamic programming for robust event-driven tracking control of nonlinear systems with asymmetric input constraints [J]. IEEE Transactions on Cybernetics, 2024, 54 (11): 6333-6344.

[162] Chen L, Hao F. Robust tracking control for uncertain Euler-Lagrange systems via dynamic event-triggered and self-triggered ADP [J]. International Journal of Robust and Nonlinear Control, 2024, 34 (1): 481-505.